国家中等职业教育改革发展示范学校建设系列成果

数控车削加工 （中级工）

SHUKONG CHEXIAO JIAGONG

U0190617

主　编　张奇丽

副主编　李豪杰　　胡　建

参　编　张忠明　　曹　阳

主　审　郭国庆

重庆大学出版社

内容提要

本书采用项目教学,以学习任务为驱动,在每个学习任务中设计了2~5个学习活动。主要内容包括数控车床编程与操作基础、轴类零件加工、切槽、切断加工、外圆锥加工、成形面零件加工、三角形螺纹加工、综合练习5个学习项目。

图书在版编目(CIP)数据

数控车削加工:中级工/张奇丽主编.--重庆:
重庆大学出版社,2015.2(2021.1重印)
(国家中等职业教育改革发展示范学校建设系列成果)
ISBN 978-7-5624-8865-1

Ⅰ.①数⋯　Ⅱ.①张⋯　Ⅲ.①数控机床—车床—车削
—加工工艺—中等专业学校—教材　Ⅳ.①TG519.1

中国版本图书馆 CIP 数据核字(2015)第 031584 号

数控车削加工(中级工)

主　编　张奇丽
副主编　李豪杰　胡　建
主　审　郭国庆
策划编辑:鲁　黎

责任编辑:李定群　高鸿宽　　版式设计:鲁　黎
责任校对:秦巴达　　　　　　责任印制:张　策

*

重庆大学出版社出版发行
出版人:饶帮华
社址:重庆市沙坪坝区大学城西路 21 号
邮编:401331
电话:(023)88617190　88617185(中小学)
传真:(023)88617186　88617166
网址:http://www.cqup.com.cn
邮箱:fxk@cqup.com.cn(营销中心)
全国新华书店经销
POD:重庆新生代彩印技术有限公司

*

开本:787mm×1092mm　1/16　印张:7.75　字数:184千
2015 年 2 月第 1 版　　2021 年 1 月第 3 次印刷
ISBN 978-7-5624-8865-1　定价:26.00 元

重庆市工贸高级技工学校
数控技术应用专业教材编写
委员会名单

主　任　叶　干
副主任　张小林　刘　洁
委　员　胡　建　张奇丽　李豪杰
　　　　黄思庆　冯　涛　杨　鹰
　　　　廖红军　王秀蓉
审　稿　周进民　刘　洁　张　鑫

合作企业：

重庆长安工业(集团)有限责任公司
重庆前卫科技集团有限公司
重庆华渝电气集团有限公司
重庆红宇精密工业有限责任公司
重庆飞尔达有限责任公司

序　言

////////////

　　重庆市工贸高级技工学校实施国家中职示范校建设计划项目取得丰硕成果。在教材编写方面，更是量大质优。数控技术应用专业 6 门，汽车制造与检修专业 4 门，服装设计与工艺专业 3 门，电子技术应用专业 3 门，中职数学基础和职业核心能力培养教学设计等公共基础课 2 门，共计 18 门教材。

　　该校教材编写工作，旨在支撑体现工学结合、产教融合要求的人才培养模式改革，培养适应行业企业需要、能够可持续发展的技能型人才。编写的基本路径是，首先进行广泛的行业需求调研，开展典型工作任务与职业能力分析，建构课程体系，制定课程标准；其次，依据课程标准组织教材内容和进行教学活动设计，广泛听取行业企业、课程专家和学生意见；再次，基于新的教材进行课程教学资源建设。这样的教材编写，体现了职业教育人才培养的基本要求和教材建设的基本原则。教材的应用，对于提高人才培养的针对性和有效性必将发挥重要作用。

　　关于这些教材，我的基本判断是：

　　首先，课程设置符合实际，这里所说的实际，一是工作任务实际，二是职业能力实际，三是学生实际。因为他们是根据工作任务与职业能力分析的结果建构的课程体系。这是非常重要的，惟有如此，才能培养合格的职业人。

　　其二，教材编写体现六性。一是思想性，体现了立德树人的要求，能够给予学生正能量。二是科学性，课程目标、内容和活动设计符合职业教育人才培养的基本规律，体现了能力本位和学生中心。三是时代性，教材的目标和内容跟进了行业企业发展的步伐，新理念、新知识、新技术、新规范等都有所体现。四是工具性，教材具有思想品德教育功能、人类经验传承功能、学生心理结构构建功能、学习兴趣动机发展功能等。五是可读性，多数教材的内容具有直观性、具体性、概况性、识记性和迁移性等。六是艺术性，这在教材的版式设计、装帧设计、印刷质量、装帧质量等方面都得到体现。

　　其三，教师能力得到提升。在示范校建设期间，尤其在教材编写中，诸多教师为此付出了宝贵的智慧、大量的心血，他们的人生价值、教师使命得以彰显。不仅学校不会忘记他们，一批又一批使用教材的学生更会感激他们。我为他们感到骄傲，并向他们致以敬意。

重庆市教科院职成教研究所　谭绍华

2015 年 3 月 5 日

前 言

随着数控机床的发展和普及,社会需要大批数控机床的编程与操作人员,本教材就是为了适应这一需要,根据中等职业学校数控技术应用专业领域技能型紧缺人才培养培训指导方案,特别是核心教学与训练项目基本要求以及人力资源和社会保障部制定的有关国家职业标准相关的职业技能鉴定规范,编写而成。

就数控车削技术的教学和培训而言,本书具有实用价值。它以培养学生综合职业能力为核心,注重学生自主学习能力的培养,教材的编写采用项目和任务的形式,按照企业生产过程进行编写,特别注重每个活动的评价,及时反馈学生的学习效果,努力实现"教、学、做"融为一体,本书重点介绍广州数控系统的程序编制方法和数控机床的操作。通过本书的学习,使读者能掌握数控车工程序的编制和数控车床的操作;了解企业的生产流程,通过掌握本书的数控车床编程及操作方法,为进一步掌握其它类型的数控机床的操作方法打下良好基础。

本书内容丰富,图文并茂,通俗易懂,采用活页设计,教师可以根据教学需要将评价表拆下来进行综合评价及存档,既注重实践教学环节,又同时兼顾理论知识,旨在培养既能编制程序又能操作数控机床,同时又掌握一定的理论知识的实用性人才。本书主要针对广州数控车床(GSK—980TD),其他系统可以参考。

本书由张奇丽担任主编,李豪杰、胡建担任副主编,郭国庆担任主审。具体分工如下:项目一由胡建编写,项目二由李豪杰编写,项目三、项目四及全书的活动评价表由张奇丽编写,项目五由张忠明编写,曹阳负责全书的实体图绘制。

在教材的调研、编写过程中得到了江苏盐城技师学院徐国权、陈亚岗、许洪伟,重庆五一技师学院谢安京,福建经贸学校林崇文,湖南工贸技师学院宋炜华,福建铁路机电学校程锦辉,长安工业高级技师邹强及各部门领导和老师的大力支持,在此表示衷心感谢。

由于时间紧,经验不足,教材难免有疏漏之处,望请各位同仁批评指正。

编 者
2014 年 8 月

目录

项目一
数控车床操作基础

学习任务一　数控车床操作

【学习目标】

1. 了解数控车工在机械加工中的作用,明确数控车工实习的性质和任务。
2. 了解机械零件生产的过程。
3. 了解数控车床实习场地及有关机器设备,了解数控车床基本操作的内容。
4. 能进行数控车床程序的编辑并模拟加工。
5. 能熟练操作数控车床,清楚各个键的功能及用途。
6. 熟悉生产现场的"6S"管理。
7. 会进行生产现场的"6S"管理。
8. 能够参与交流老师设定的主题,学会观察比较。

【建议学时】

18 学时。

学习活动一　数控车床的操作

 学习过程

【知识学习】

一、数控车床安全操作规程

数控车床具有较高的技术含量,在操作上要比普通机床复杂,需要严格按照操作规程操

作,才能保证机床正常运行。作为一个熟练的操作人员,必须在了解零件的要求、工艺路线、机床特性后,方可操作机床完成各项加工任务。

数控车床操作安全文明规定如下:

①进入数控实习场以后,应服从安排,听从指挥,不得擅自启动或操作数控车床系统。

②开车前,应该仔细检查机床各部分机构是否完好,各传动手柄、变速手柄的位置是否正确。

③操作数控机床时,对各按键及开关的操作不得用力过猛,更不允许用扳手或其他工具进行操作。

④进入岗位前必须按规定穿戴好劳动用品,进入实习场内严禁穿高跟鞋、拖鞋、凉鞋、短裤、裙子,严禁戴头巾和围巾;严禁赤脚、赤膊,严禁敞胸露怀。

⑤下班前必须清理现场,关闭电源。

⑥严格执行交接班制度,做好交接班记录。

⑦实行定期维护和保养制度,保证机床安全运行。

二、操作前的注意事项

①零件加工前,一定要先检查机床的正常运行。

②在操作机床前,应仔细检查输入的数据,以免引起误操作。

③确保指定的进给速度与操作所需要的进给速度相适应。

④当使用刀具补偿时,应仔细检查补偿方向与补偿量。

⑤不要随意修改参数,如要修改,请一定仔细阅读使用说明书。

三、机床操作过程中的安全操作

①手动操作,要确定刀具和工件当前的位置并保证正确指定了运动轴、方向和进给速度。

②手动返回参考点。机床通电后,请务必先执行手动返回参考点。如果机床没有执行手动返回参考点操作,机床的运动不可预料。

③工件坐标系。手动移动坐标时,一定要看清楚坐标轴的方向和手动速率。

④试运行。一定要确认机床是否锁住,以防程序出错,损坏机床。

⑤自动运行。机床在自动执行程序时,操作人员不得撤离岗位,要密切注意机床、刀具的工作状况,根据实际加工情况调整加工参数。一旦发生意外情况,应立即停止机床动作。

四、与编程相关的安全操作

①坐标系的设定。如果没有设置正确的坐标系,尽管指令是正确的,但机床可能并不按想象的动作运动。

②刀具补偿功能。在补偿功能模式下,发生基于机床坐标系的运动命令或参考点返回命令,补偿就会暂时取消,这可能会导致机床不可预想的运动。

五、机床关机时的注意事项

①确认工件已加工完毕。

②确认机床的全部运动均已完成。

③检查刀具是否已取下。

④检查工作台面是否已清洁。

⑤关机要求先关功放再关电源。

【知识测试】

判断题（每题 10 分,对的打 √,错的打 ×）

1. 操作前应穿好工作服,戴好工作帽。　　　　　　　　　　　　　　　　（　　）

2. 天冷时,操作中可以围围巾,可以戴手套。　　　　　　　　　　　　　（　　）

3. 如果不太会操作机床,可以两人同时操作一台机床。　　　　　　　　（　　）

4. 如果天气太热,可以穿凉鞋和短裤。　　　　　　　　　　　　　　　　（　　）

5. 认真输入程序后,不必检查,马上就可以开始加工了。　　　　　　　（　　）

6. 在不太清楚操作步骤的情况下,可进行尝试性操作。　　　　　　　　（　　）

7. 在数控加工中,启动加工程序时,不必检查各手柄的位置。　　　　　（　　）

8. 数控机床中的参数操作者可以随意进行改动。　　　　　　　　　　　（　　）

9. 在程序运行过程中操作者应随时监视显示装置,发现报警信号时,应及时停机排除故障。　　　　　　　　　　　　　　　　　　　　　　　　　　　　　　　　（　　）

10. 清除切屑时,要使用一定的工具,应当注意不要被切屑划破手脚。　（　　）

11. 测量工件时,必须在机床停止状态下进行。　　　　　　　　　　　　（　　）

【知识学习】

熟练操作机床面板

1. 了解数控车床的坐标系

数控车床的坐标系如图 1.1 和 图 1.2 所示。

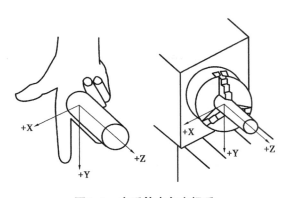

图 1.1　右手笛卡尔坐标系

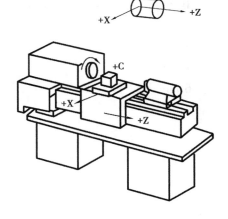

图 1.2　卧式车床

2. 了解数控车床的组成

数控车床的组成如图 1.3 所示。

图 1.3 数控车床的组成

【技能训练】

每组每名学生都要单独进行面板操作学习,注意的是:不能两个人同时操作。学生在操作中注意操作步骤,还要注意输入程序的正确性和时间,练习好后再进行操作测试。

【操作测试】

①开、关机,机床坐标的回零。

②编辑方式下的程序输入、修改、插入、删除。

③手动方式下的主轴变速、换刀、坐标移动。

④MDI 方式下的位置速度控制。

⑤录入方式下的参数修改。

⑥手轮的操作。

测试评分标准如下:50 段左右的标准程序

10 min	及格	60 分
9 min		70 分
8 min		80 分
7 min		90 分
6 min 及以下		100 分

学习活动一综合评价表

班级＿＿＿＿＿＿＿　　　　　　　　　　　　　　姓名＿＿＿＿＿　学号＿＿＿＿＿

项　目	自我评价			小组评价			教师评价		
	评价标准 优秀:10~9分 良好:8~6分 一般:5~1分			评价标准 优秀:10~9分 良好:8~6分 一般:5~1分			评价标准 优秀:10~9分 良好:8~6分 一般:5~1分		
	占总评10%			占总评30%			占总评60%		
掌握安全操作规程									
面板操作练习									
了解数控车床组成									
了解数控车床坐标系									
操作测试									
表达、沟通能力									
学习主动性									
协作精神									
纪律观念									
工作态度									
小　计									
总　评									

学习活动二　生产现场的"6S"管理

学习过程

【知识学习】

一、熟悉什么是"6S"管理

"6S"管理项目如图1.4所示。

图1.4　"6S"管理项目

● 整理的"三清"原则：

清理——区分需要品和不需要品。

清除——清不需要品。

清爽——按属别管理需要品。

● 整理的要点：丢弃时要有魄力。

● 整理的境界：塑造清爽的工作环境。

● 清扫厉行"三扫"原则：

扫漏（溢出物）

扫黑（落下物）

扫怪（不对劲之处）

● 清扫的境界：塑造干净的工作场所。

● 清洁厉行"三不"原则：

不制造脏乱

不扩散脏乱

不恢复脏乱

● 清洁的境界：塑造洁净的工作场所。

● 素养厉行"三守"原则：

守纪律

守时间

守标准

● 素养的境界：塑造守纪的工作场所。

二、为什么要进行"6S"管理

①降低安全事故发生的概率。例如,通道上不允许摆放物料,保证了通道的畅通,从而降低安全事故发生的可能性。

②节省寻找物料的时间,提升工作效率。在"6S"管理的整顿环节,其金牌标准是 30 s 内就能找到所需的物品。

③降低在制品的库存。"6S"管理要求将与生产现场有关的物料都进行定置定位,并且标识企业内唯一的名称、图号、现存数量,最高与最低限量等,这就使得在制品的库存量始终处于受控状态,并且能够满足生产的需要,从而杜绝了盲目生产在制品的可能性。

④保证环境整洁,现场宽敞明亮。其结果使得生产现场利用空间增大,环境整洁明亮。

⑤提升员工归属感。"6S"管理的实施可以为员工提供一个心情舒畅的工作环境,在这样一个干净、整洁的环境中工作,员工的尊严和成就感可以得到一定程度的满足,从而提升员工的归属感,使员工更加敬业爱岗。

【技能训练】

进行生产现场的"6S"管理

要求:人人动手,各负其责。经过"6S"管理后的效果如图 1.5 所示。

图 1.5　经过"6S"管理后的车间和货架

学习活动二综合评价表

班级_____   姓名_____ 学号_____

项　目	自我评价			小组评价			教师评价		
	10～9分	8～6分	5～1分	10～9分	8～6分	5～1分	10～9分	8～6分	5～1分
	占总评10%			占总评30%			占总评60%		
学习"6S"管理									
进行"6S"管理									
数控车床清洁度									
生产现场整洁度									
表达、沟通能力									
学习主动性									
协作精神									
纪律观念									
工作态度									
小　计									
总　评									

学习任务二　数控车床编程基础

【学习目标】

1. 掌握数控编程的内容及步骤。

2. 掌握绝对值和增量值编程的方法。

3. 掌握数控加工工艺的编制方法及加工工艺卡片的填写。了解数控编程的概念。

4. 会编制数控车床的加工程序。

5. 能用 CAXA 软件绘制零件图样。

6. 会填写加工工艺卡。

7. 能独立阅读生产任务单,明确工时、加工数量等要求,说出所加工零件的用途、功能和分类。

8. 能主动获取有效信息,展示工作成果,对学习和工作进行总结反思,能与他人合作并进行有效沟通。

【建议学时】

18 学时。

学习活动一　数控车床的编程基础

学习过程

【知识学习】

一、数控编程的概念内容及步骤

数控编程是数控加工准备阶段的主要内容之一,通常包括分析零件图样,确定加工工艺过程;计算走刀轨迹,得出刀位数据;编写数控加工程序;制作控制介质;校对程序及首件试切。数控编程有手工编程和自动编程两种方法。总之,它是从零件图纸到获得数控加工程序的全过程。

二、编程的方法

编程的方法一般分两种:手工编程和自动编程。

1. 手工编程

从分析零件图样,确定加工工艺过程;计算走刀轨迹,得出刀位数据;编写数控加工程序;程序输入和程序校验均由人工完成,称为手工编程。但对于形状复杂,特别是非圆曲线等零件,用手工编程就很困难,出错的概率将增大,甚至无法编出程序,对编程者的要求较高。

2. 自动编程

自动编程就是利用编程软件编制数控加工程序。例如,常用 CAXA/UG 等。

三、程序的结构和格式

1. 程序结构

数控程序由程序号、程序内容和程序结束段组成。例如：

程序号：

O0001

程序内容：

N001　G00　X40.0　Y30.0；

N002　G00　X28.0　T0101　S800　M03；

N003　G01　X－8.0　Y8.0　F200；

N004　X0　Y0；

N005　X28.0　Y30.0；

N006　G00　X40.0；

程序结束段：

N007 M30 ；

（1）程序号

采用程序号地址码区分存储器中的程序，不同数控系统程序编号地址码不同，如日本FANUC6数控系统采用O作为程序编号地址码；美国的AB8400数控系统采用P作为程序编号地址码；德国的SMK8M数控系统采用%作为程序编号地址码等。

（2）程序内容

程序内容部分是整个程序的核心，由若干个程序段组成，每个程序段由一个或多个指令字构成，每个指令字由地址符和数字组成，它代表机床的一个位置或一个动作，每一程序段结束用"；"号。

（3）程序结束段

以程序结束指令M02或M30作为整个程序结束的符号。

2. 程序段格式

每个程序段是由程序段编号以及若干个指令（功能字）和程序段结束符号组成。N，G，X，Z，I，K，S，M，T，R，F，；为地址码。

N——程序段地址码，用来制订程序段序号。

G——准备功能地址码。

X，Z——坐标轴地址码，其后面数据字表示刀具在该坐标轴方向应移动的距离。

I，K——圆心坐标，表示圆心到圆弧起点的距离。

S——表示主轴的转速。

M——辅助功能字。

T——刀具功能字。

R——表示圆弧的半径或锥度中的半径差。

F——进给速度地址码，其后面数据字表示刀具进给速度值，F100表示进给速度为100 mm/min。

；——程序段结束码，与"NL""LF"或"CR"" ＊ "等符号含义等效，不同的数控系统规定有不同的程序段结束符。

FANUC 系统常用准备功能字一览表见表1.1。

表1.1 常用准备功能字一览表

G 指令	组 别	功 能	程序格式及说明
▲G00		快速点定位	G00 X(U)__ Z(W)__;
G01		直线插补	G01 X(U)__ Z(W)__F__;
G02	01	顺时针方向圆弧插补	G02 X(U)__ Z(W)__R__F__;
G03		逆时针方向圆弧插补	G02 X(U)__ Z(W)__I__K__F__;
G04	00	暂停	G04 X__; 或 G04 U__; 或 G04 P__;
G20		英制输入	G20;
G21	06	米制输入	G21;
G27		返回参考点检查	G27 X__Z__;
G28		返回参考点	G28 X__Z__;
G30	00	返回第2、第3、第4参考点	G30 P3 X__Z__; 或 G30 P4 X__Z__;
G32		螺纹切削	G32 X__Z__F__;（F为导程）
G34	01	变螺距螺纹切削	G34 X__Z__F__K__;
▲G40		刀尖半径补偿取消	G40 G00 X(U)__Z(W)__;
G41	07	刀尖半径左补偿	G41 G01 X(U)__Z(W)__F__;
G42		刀尖半径右补偿	G42 G01 X(U)__Z(W)__F__;
G50		坐标系设定或主轴最大速度设定	G50 X__Z__;或 G50 S__;
G52	00	局部坐标系设定	G52 X__Z__;
G53		选择机床坐标系	G53 X__Z__;
▲G54		选择工件坐标系1	G54;
G55		选择工件坐标系2	G55;
G56		选择工件坐标系3	G56;
G57	14	选择工件坐标系4	G57;
G58		选择工件坐标系5	G58;
G59		选择工件坐标系6	G59;
G65	00	宏程序调用	G65 P__L__<自变量指定>;
G66		宏程序模态调用	G66 P__L__<自变量指定>;
▲G67	12	宏程序模态调用取消	G67;

续表

G 指令	组 别	功 能	程序格式及说明
G70		精车循环	G70　P＿Q＿;
G71		粗车循环	G71　U＿R＿; G71　P＿Q＿U＿W＿F＿;
G72	00	端面粗车复合循环	G72　W＿R＿; G72　P＿Q＿U＿W＿F＿;
G73		多重车削循环	G73　U＿W＿R＿; G73　P＿Q＿U＿W＿F＿;
G74		端面深孔钻削循环	G74　R＿; G74　X(U)＿Z(W)＿P＿Q＿R＿F＿;
G75	00	外径/内径钻孔循环	G75　R＿; G75　X(U)＿Z(W)＿P＿Q＿R＿F＿;
G76		螺纹切削复合循环	G76　P＿Q＿R＿; G76　X(U)＿Z(W)＿R＿P＿Q＿F＿;
G90		外径/内径切削循环	G90　X(U)＿Z(W)＿F＿; G90　X(U)＿Z(W)＿R＿F＿;
G92	01	螺纹切削复合循环	G92　X(U)＿Z(W)＿F＿; G92　X(U)＿Z(W)＿R＿F＿;
G94		端面切削循环	G94　X(U)＿Z(W)＿F＿; G94　X(U)＿Z(W)＿R＿F＿;
G96	02	恒线速度控制	G96　S＿;
▲G97		取消恒线速度控制	G97　S＿;
G98	05	每分钟进给	G98　F＿;
▲G99		每转进给	G99　F＿;

注:①打▲的为开机默认指令。

②00 组 G 代码都是非模态指令。

③不同组的 G 代码能够在同一程序段中指定。如果同一程序段中指定了同组 G 代码,则最后指定的 G 代码有效。

④G 代码按组号显示,对于表中没有列出的功能指令,请参阅有关厂家的编程说明书。

资料卡

模态指令:一经指定就一直有效直到被同组的 G 代码取消为止。

非模态指令:只在本程序段中有效,下一段程序需要时必须重写。

【自主学习】

查阅资料,学习有关机床坐标系及坐标方向的内容。

①数控机床常采用什么坐标系?大拇指、食指和中指分别表示什么坐标?

_____

②机床原点、参考点(见图1.6)的概念:_____

_____

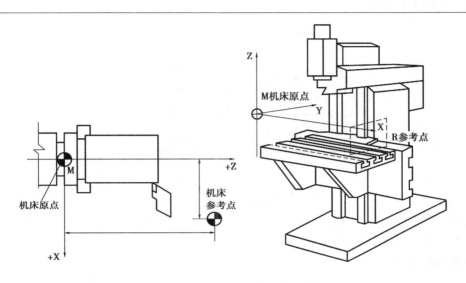

图1.6　数控机床的原点与参考点

③在表1.2中填写辅助编程指令的格式及用途。

表1.2　辅助编程指令的格式及用途

序　号	指令名称	指令格式	用　途
1	程序暂停		
2	主轴正转		
3	主轴反转		
4	主轴停止		
5	程序结束		
6	刀具指令		
7	主轴转速指令		
8	冷却液开		
9	进给功能(每分钟进给)		
10	进给功能(每转进给)		

【知识学习】

编程指令如下：

1. G00 快速点定位

格式：

G00　X(U)＿＿　Z(W) ＿；

示例如图 1.7 所示。

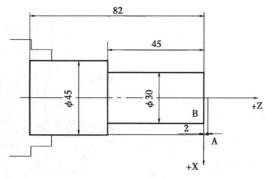

图 1.7　快速点定位

绝对值编程(A—B)：

G00　X30　Z0；

增量值编程(A—B)：

G00　U－15　W－2；

功能：使刀具从当前点快速移动到程序段中指定的位置。X,Z 为指定点的绝对位置坐标；U,W 为指定点的相对位置坐标。

说明：G00 的移动速度可在数控系统参数中设定。

G00 因移动速度较快，直接和工件接触容易损坏刀具，所以该指令在编程中应留有一定距离工件的安全距离。

2. G01 直线插补

格式：

G01　X(U)＿＿　Z(W) ＿＿　F＿；

示例如图 1.8 所示。

绝对值编程：

G00　X14　Z2；

G01　Z－10　F100；

　　　X26；

　　　Z－20；

　　　X34；

　　　Z－30；

增量值编程：

G00　U－36　W－2；

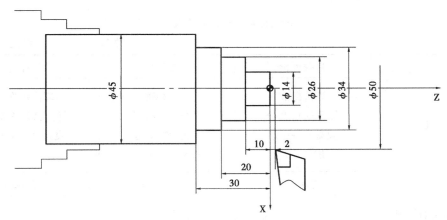

图 1.8　G01 编程实例

G01　W－10　F100；

U12；

W－10；

U12；

W－10；

功能：G01 指令刀具以给定的进给速度值 F 移动到指定的坐标值 X(U)，Z(W)。在这个过程中，刀具将和工件接触，完成对工件的轮廓加工。

说明：进给速度值 F 的单位可以是 mm/min 或 mm/r。该系统使用单位为 mm/min。

【知识测试】

填写如图 1.9 所示的刀具路径。

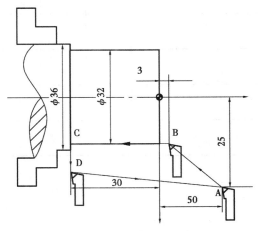

图 1.9　外圆粗车轨迹

程序：

				走刀路线
N0010　G00　X ____ Z ____ ;				A → B
N0020　G01　X ____ Z ____　F ____ ;				B → C
N0030　G01　X ____ Z ____　F ____ ;				C → D
N0040　G00　X ____ Z ____ ;				D → A

学习活动一综合评价表

班级_____ 姓名_____ 学号_____

项　目	自我评价 评价标准 优秀:10~9分 良好:8~6分 一般:5~1分 占总评10%			小组评价 评价标准 优秀:10~9分 良好:8~6分 一般:5~1分 占总评30%			教师评价 评价标准 优秀:10~9分 良好:8~6分 一般:5~1分 占总评60%		
编制程序的步骤									
程序的格式									
程序段各地址的含义									
刀具轨迹的填写									
工作页质量									
表达、沟通能力									
学习主动性									
协作精神									
纪律观念									
工作态度									
小　计									
总　评									

学习活动二 数控车零件的加工工艺基础

 学习过程

【知识学习】

一、数控编程的工艺处理

无论是手工编程还是自动编程,在编程前都要对所加工的零件进行工艺分析,拟订加工工艺方案,选择合适的刀具,确定切削用量。在编程中,对一些工艺问题(如对刀点、加工路线等)也需要做一些处理。因此,数控编程的工艺处理是一项十分重要的工作。

二、数控加工的基本特点

①数控加工的工序内容比普通机床加工的工序内容复杂。

②数控机床加工程序的编制比普通机床工艺规程的编制复杂。这是因为在普通机床的加工工艺中不必考虑的问题,如工序内工步的安排、对刀点、换刀点及走刀路线的确定等,在编制数控加工工艺时却要认真考虑。

三、数控加工工艺的主要内容

①选择适合在数控机床上加工的零件,确定工序内容。

②分析加工零件的图纸,明确加工内容及技术要求,确定加工方案,制订数控加工路线,如工序的划分、加工顺序的安排、非数控加工工序的衔接等。设计数控加工工序,如工序的划分、刀具的选择、夹具的定位与安装、切削用量的确定、走刀路线的确定等。

③调整数控加工工序的程序。如对刀点、换刀号的选择、刀具的补偿。

④分配数控加工中的容差。

⑤处理数控机床上部分工艺指令。

制订加工工艺的原则是:先粗后精,先内后外,先主后次,程序段最少,加工路线最短,特殊情况特殊处理。

四、数学处理

零件图形进行数学处理是数控编程前要做的主要准备工作,图形的数学处理就是根据零件图样的要求,按照已确定的加工路线和允许的编程误差,计算出数控系统所需输入的数据。图形数学处理的内容主要有 3 个方面,即基点及节点计算、刀位点轨迹计算和辅助计算。

1. **基点坐标的计算**

零件轮廓或刀位点轨迹的基点坐标计算,一般采用代数法或几何法。代数法是通过列方程组的方法求解基点坐标,这种方法虽然已根据轮廓形状,将直线和圆弧的关系归纳成若干种方式,并变成标准的计算形式,方便了计算机求解,但手工编程时采用代数法进行数值计算还是比较烦琐。根据图形间的几何关系利用三角函数法求解基点坐标,计算比较简单、方便,与列方程组解法比较,工作量明显减少。要求重点掌握三角函数法求解基点坐标。

对于由直线和圆弧组成的零件轮廓,采用手工编程时,常利用直角三角形的几何关系进行基点坐标的数值计算。

2. 切削用量的选择

切削用量的选择，就是要在已经选择好刀具材料和几何角度的基础上，合理地确定切削深度 a_p、进给量 f 和切削速度 v_c。

所谓合理的切削用量，是指充分利用刀具的切削性能和机床性能，在保证加工质量的前提下，获得高的生产率和低的加工成本的切削用量。不同的加工性质，对切削加工的要求是不一样的。因此，在选择切削用量时，考虑的侧重点也应有所区别。粗加工时，应尽量保证较高的金属切除率和必要的刀具耐用度，故一般优先选择尽可能大的切削深度 a_p，其次选择较大的进给量 f，最后根据刀具耐用度要求，确定合适的切削速度。精加工时，首先应保证工件的加工精度和表面质量要求，故一般选用较小的进给量 f 和切削深度 a_p，而尽可能选用较高的切削速度 v_c。

（1）切削深度 a_p 的选择

切削深度应根据工件的加工余量来确定。粗加工时，除留下精加工余量外，一次走刀应尽可能切除全部余量。当加工余量过大，工艺系统刚度较低，机床功率不足，刀具强度不够或断续切削的冲击振动较大时，可分多次走刀。切削表面层有硬皮的铸锻件时，应尽量使 a_p 大于硬皮层的厚度，以保护刀尖。

半精加工和精加工的加工余量一般较小，可一次切除，但有时为了保证工件的加工精度和表面质量，也可采用二次走刀。

多次走刀时，应尽量将第一次走刀的切削深度取大些，一般为总加工余量的 2/3 ~ 3/4。

在中等功率的机床上，粗加工时的切削深度可达 8 ~ 10 mm，半精加工（表面粗糙度为 R_a6.3 ~ 3.2 μm）时，切削深度取为 0.5 ~ 2 mm，精加工（表面粗糙度为 R_a1.6 ~ 0.8 μm）时，切削深度取为 0.1 ~ 0.4 mm。

（2）进给量 f 的选择

切削深度选定后，接着就应尽可能选用较大的进给量 f。粗加工时，由于作用在工艺系统上的切削力较大，进给量的选取受到下列因素限制：机床—刀具—工件系统的刚度，机床进给机构的强度，机床有效功率与转矩，以及断续切削时刀片的强度。

半精加工和精加工时，最大进给量主要受工件加工表面粗糙度的限制。

工厂中，进给量一般多根据经验按一定表格选取（详见车、钻、铣等各章有关表格），在有条件的情况下，可通过对切削数据库进行检索和优化。

（3）切削速度 v_c 的选择

在 a_p 和 f 选定以后，可在保证刀具合理耐用度的条件下，用计算的方法或用查表法确定切削速度 v_c 的值。在具体确定 v_c 值时，一般应遵循下述原则：

①粗车时，切削深度和进给量均较大，故选择较低的切削速度；精车时，则选择较高的切削速度。

②工件材料的加工性较差时，应选较低的切削速度。故加工灰铸铁的切削速度应较加工中碳钢低，而加工铝合金和铜合金的切削速度则较加工钢高得多。

③刀具材料的切削性能越好，切削速度也可选得越高。因此，硬质合金刀具的切削速度可选得比高速钢高好几倍，而涂层硬质合金、陶瓷、金刚石和立方氧化硼刀具的切削速度又可选得比硬质合金刀具高许多。

此外,在确定精加工、半精加工的切削速度时,应注意避开积屑瘤和鳞刺产生的区域;在易发生振动的情况下,切削速度应避开自激振动的临界速度,在加工带硬皮的铸锻件加工大件、细长件和薄壁件以及断续切削时,应选用较低的切削速度。

五、对刀的概念和车刀的刀位点及对刀

1. 对刀的概念

在数控车削中,车刀的位移及其轨迹是受加工程序控制的。为了便于控制每一把车刀在位移中的先后次序、起始位置及规定动作,必须在加工程序执行前,调整每把刀的刀位点,使刀架在转位后,每把刀的刀位点都能尽量重合于某一理想位置上,这一过程称为对刀。对刀是为了建立工件坐标系与机床坐标系的联系,即对刀的目的。

2. 刀位点

刀位点是指在加工程序编制中,用以表示刀具特征的点,也是对刀和加工的基准点。编程时用该点的运动来描述刀具运动,运动所形成的轨迹称为编程轨迹。对于数控车床使用的刀具,由于刀具的结构特点,因此刀位点的选择比较复杂。

常用各类车刀的刀位点如图1.10所示。

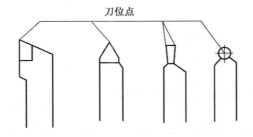

图1.10　车刀的刀位点

3. 对刀的方法

(1)试切对刀的步骤

①按"手动"键(选择手动方式)。

②按"位置"键(屏幕显示坐标)。

③按"进给倍率"键(选择合理进给速度)。

④按 ⊙ (换刀),选择需要的刀具。

⑤按 ⇧ 和 ⇦ ,将刀具移动到对刀位置。

⑥按 ⟳ (正转),启动主轴。

⑦按 ⇦ ,在工件上车削外圆。

⑧按 ⇲ ,按方向退出。

⑨测量所车削外圆,记录尺寸。

(2)试切对刀刀补的设置

①按"刀补"键,再按 ▦ 显示测量画面。

②在对应刀具号位置输入刚才记录的尺寸,输入X(记录的直径值)。

③同样方式在端面进行车削,沿 ⇩ 方向退出。

④按"刀补"键,进入刀补画面,在对应刀具号位置输入 Z 向刀补为"0"。

⑤将刀具移动到一合适位置,选择下一把需对刀的刀具。

(重复以上过程即可设置好所需刀具及刀补)

【知识测试】

一、阅读材料,完成下列问题

①切削用量三要素是什么? 切削速度的计算公式是什么?

②用硬质合金刀具加工一个 45 号钢,直径为 $\phi36 \times 80$ 的零件,主轴转速应为多少?

③查阅直角三角形的几何关系,三角函数计算公式:

_____

_____

_____

二、基点的计算

请写出如图 1.11 所示各基点的坐标。

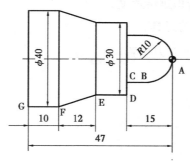

图 1.11　基点坐标的计算

A:X _____　　Z _____　　　　B:X _____　　Z _____　　　　C:X _____　　Z _____

D:X _____　　Z _____　　　　E:X _____　　Z _____　　　　F:X _____　　Z _____

F:X _____　　Z _____

学习活动二综合评价表

班级＿＿＿＿＿＿＿　　　　　　　　　　　　　　　　姓名＿＿＿＿＿　学号＿＿＿＿＿

项　　目	自我评价			小组评价			教师评价		
	评价标准 优秀:10～9分 良好:8～6分 一般:5～1分			评价标准 优秀:10～9分 良好:8～6分 一般:5～1分			评价标准 优秀:10～9分 良好:8～6分 一般:5～1分		
	占总评10%			占总评30%			占总评60%		
制订工艺的原则									
基点的计算									
工艺卡片的填写									
对刀									
表达、沟通能力									
学习主动性									
协作精神									
纪律观念									
工作态度									
小　计									
总　评									

学习活动三 数控车零件的加工工艺编写

 学习过程

典型零件的工艺分析如下：

数控车典型零件如图 1.12 所示。

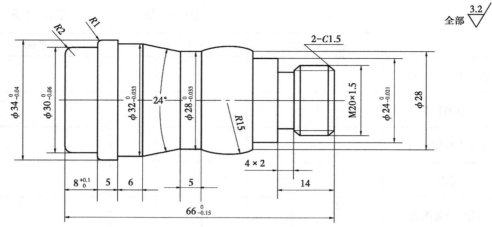

图 1.12 数控车典型零件

毛坯为 $\phi36 \times 100$。

1. 确定工艺路线

首先根据图样要求，按先主后次的原则确定工艺路线：

倒角→车螺纹外圆→车 $\phi24$ 外圆→车 $R15$ 圆弧→车 $\phi28$ 外圆→车锥度→车 $\phi32$ 外圆→车 $\phi34$ 外圆→切 4×2 的槽→车 $M20 \times 1.5$ 的螺纹→切 $R1$→车 $\phi30$ 外圆→切 $R2$→切断

2. 选择刀具

T01：90°硬质合金外圆车刀。

T02：硬质合金切断刀，刀宽 = 4 mm，左刀尖为刀位点。

T03：硬质合金外三角螺纹车刀。

3. 确定切削用量

数控车典型零件切削用量表见表 1.3。

表 1.3 数控车典型零件切削用量表

切削表面	主轴转速/(r·min^{-1})	进给量/(mm·r^{-1})
粗车外圆	800	0.3
精车外圆	1 200	0.1
切槽、切断	500	0.1
车螺纹	400	1.5

4. 计算锥度和圆弧的长度

(1)圆锥半角 $\alpha/2$

圆锥半角计算公式为

$$\tan\frac{\alpha}{2} = \frac{D-d}{2L} = \frac{C}{2}$$

结果:锥度的长度为_____。

（2）圆弧长度

圆弧的长度可用勾股定理,其计算公式为

$$C^2 = a^2 + b^2$$

结果:圆弧的长度为_____。

5.填写工艺卡片

根据上面的分析,填写工艺卡片,见表1.4。

表 1.4　数控车典型零件加工工艺卡片

单位名称	加工工艺过程卡片		产品名称		图　号			
			零件名称		数　量			第　页
材料牌号		毛坯种类		毛坯尺寸				共　页
工序号	工序内容			设　备	工艺装备		计划工时	实际工时
					夹具	量、刃具		
设计（日期）				设计（日期）	校　正	审　核	批　准	

【技能测试】

①外圆车刀安装方法正确?　　　　　　　　是 □　　否 □

②外圆车刀对刀正确?　　　　　　　　　　是 □　　否 □

③对刀的数据输入正确?　　　　　　　　　是 □　　否 □

试切对刀评分表

序号	考核项目	考核要求	配分	检查与考核记录	扣分	得分
1	刀具选择	93°左偏刀				
2	刀具安装	角度				
		中心高度				
3	试切端面	试切端面方法正确				
4	Z 向数据输入	数据输入正确				
5	试切外圆	试切外圆方法正确				
6	X 向数据输入	数据输入正确				
7	操作步骤	操作顺序正确				
8	安全操作	安全、文明操作情况				

学习活动三综合评价表

班级_____ 姓名_____ 学号_____

项　目	自我评价		小组评价		教师评价	
	评价标准 优秀:10~9分 良好:8~6分 一般:5~1分		评价标准 优秀:10~9分 良好:8~6分 一般:5~1分		评价标准 优秀:10~9分 良好:8~6分 一般:5~1分	
	占总评10%		占总评30%		占总评60%	
制订工艺的原则						
基点的计算						
工艺卡片的填写						
对刀						
工作页质量						
表达、沟通能力						
学习主动性						
协作精神						
纪律观念						
工作态度						
小　计						
总　评						

学习活动四　工作总结与评价

学习过程

一、展示评价

把个人编写的零件加工工艺和加工程序进行组内展示,再由小组推荐代表在整个班级展示。在展示过程中,以组为单位进行评价。

二、展示评价项目

在评价中注意观察与总结并填写以下项目:

1. 展示的零件加工工艺和加工程序是否符合技术要求

2. 本小组介绍成果时是否介绍清楚

3. 本小组介绍的加工方法是否正确

4. 本小组成员的团队协作精神如何

三、工作体会

(在本任务中我学到了什么,成功做到了些什么,在小组中扮演了什么角色,有哪些收获,有哪些方面还可以继续提高)

【评价与分析】

学习活动四综合评价表

班级_____　　　　　　　　　　　　姓名_____　学号_____

项　目	自我评价 评价标准 优秀:10~9分 良好:8~6分 一般:5~1分 占总评10%		小组评价 评价标准 优秀:10~9分 良好:8~6分 一般:5~1分 占总评30%		教师评价 评价标准 优秀:10~9分 良好:8~6分 一般:5~1分 占总评60%	
学习活动一						
学习活动二						
学习活动三						
学习主动性						
协作精神						
纪律情况						
表达能力						
工作态度						
活动角色						
小　计						
总　评						

项目二
轴类零件加工

学习任务一　台阶轴的加工

【学习目标】

1. 会根据工件加工要求选择合适的刀具类型。
2. 熟练掌握数控车轴类零件的编程方法及确定有关的切削用量。
3. 能根据加工要求,运用适当对刀方法,正确建立工件坐标系。
4. 能根据图样和加工工艺合理设计刀具路径,正确填写加工工艺卡。
5. 能够熟练应用仿真软件各项功能,模拟数控机床操作,完成零件模拟加工。
6. 掌握轴类零件的检测方法,能对加工质量进行分析和处理。
7. 学会主动获取信息,展示工作成果,对学习与工作进行反思和总结,并能与他人开展合作,进行有效沟通。

【建议学时】

12 学时。

学习活动一　台阶轴零件的工艺分析

 学习过程

【自主学习】

一、制订工作计划

工作计划及生产进程表

工作步骤	工作内容	实施时间	实施人员
第 1 步	领取任务单		

续表

工作步骤	工作内容	实施时间	实施人员
第2步	查阅相关资料		
第3步	分析讨论确定加工工艺		
第4步	填写工、量、刀具清单		
第5步	核算成本		
第6步	领取加工材料		
第7步	领取工、量、刀具		
第8步	加工准备		
第9步	独立加工		
第10步	递交加工零件		
第11步	检测零件、填写检验单		
第12步	总结分析		

二、分析图样,制订台阶轴加工工艺卡

1. 任务单

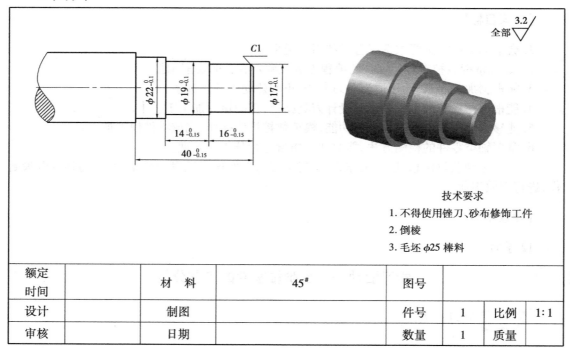

技术要求
1. 不得使用锉刀、砂布修饰工件
2. 倒棱
3. 毛坯 φ25 棒料

额定时间		材 料	45#	图号			
设计		制图		件号	1	比例	1:1
审核		日期		数量	1	质量	

2. 收集信息

①轴类零件的主要作用是什么? 常用的材料有哪几类?

a. 主要作用:

b. 常用的材料：

_____

_____

②数控车床常用的刀具材质有哪些？

_____

_____

③材料成本核算。

查找 45 号钢材料的质量计算公式：_____ ，45 号钢每千克市场价格：_____ 。

3. 讨论并确定零件的加工工艺过程，填写加工工艺卡

单位名称	加工工艺过程卡片		产品名称		图 号		
			零件名称		数 量		第　页
	毛坯种类			毛坯尺寸			共　页
工序号	工序内容			设 备	工艺装备		计划工时	实际工时
					夹具	量、刃具		
设计（日期）			材料牌号		校 正	审 核	批 准	

4. 数控车工加工工、量、刃、辅具借用清单

部门：_____ 　　　　　　　　　　　　申请人：_____

类　别	序号	名　称	型号或规格	数 量	备 注
切削刀具	1				
	2				
	3				
	4				
测量工具	1				
	2				
	3				
操作工具	1				
	2				
	3				
	4				

车间主任：_____ 　　　　　　　　　　　生产主管：_____

学习活动一综合评价表

班级_____   姓名_____ 学号_____

项　　目	自我评价			小组评价			教师评价		
	10~9分	8~6分	5~1分	10~9分	8~6分	5~1分	10~9分	8~6分	5~1分
	占总评10%			占总评30%			占总评60%		
制订工作计划									
工艺分析									
展示讨论									
绘图									
表达、沟通能力									
工作页质量									
学习主动性									
协作精神									
纪律观念									
工作态度									
小　计									
总　评									

学习活动二　台阶轴零件的编程知识

学习过程

【知识学习】

程序编制如下：

1. 指令选择

M03　M05　M00　M30

T 指令

快速点定位 G00

直线插补 G01

外圆粗车循环 G90

2. G90——外圆粗车循环

外圆切削循环如图 2.1 所示。

格式：

N×××× G90　X(U)__　Z(W)__　F××××；

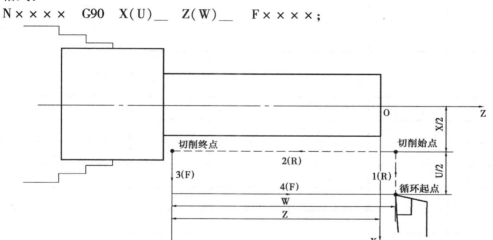

图 2.1　外圆切削循环

说明：

X, Z: 目标点的绝对值坐标。

U, W: 目标点的增量值坐标。

F: 进给速度。

【技能训练】

1. 绘制台阶轴图

2. 编写程序

数控车床程序单	零件毛坯				日 期	
	零件名称		工序号		材 料	
	车床型号		夹具名称		实训车间	

学习活动二综合评价表

班级＿＿＿＿＿＿＿＿＿＿ 　　　　　　　　　　姓名＿＿＿＿＿＿ 学号＿＿＿＿＿＿

项　　目	自我评价			小组评价			教师评价		
	10~9分	8~6分	5~1分	10~9分	8~6分	5~1分	10~9分	8~6分	5~1分
	占总评10%			占总评30%			占总评60%		
独立能力									
回答问题									
编程能力									
收集信息									
学习主动性									
协作精神									
工作页质量									
纪律观念									
表达能力									
工作态度									
小　计									
总　评									

学习活动三　台阶轴的加工

 学习过程

【技能训练】

一、零件加工

1. 程序输入及校验

输入已编制好的台阶轴加工程序,利用数控车床的模拟功能判断程序的对错,小组讨论修改并完善加工程序。

①在程序输入或校验时,如有出错信息,请将报警号记录下来。

_____

_____

②对应的解决方法请记录下来。

_____

_____

_____

③任取 20 段程序,测出你的输入时间,记录下来。你认为你的程序输入时间慢吗?你所输入的程序存在哪些问题?怎样解决?

_____

_____

2. 对刀操作

90°外圆车刀在数控车床上对刀的具体步骤是怎样的? 台阶轴加工中,90°外圆车刀安装中应注意什么?

记录3次对刀的数据

90°车刀			切刀		
第1次			第1次		
第2次			第2次		
第3次			第3次		

3. 自动加工

①为了保证加工质量,粗加工完成后进行测量、记录并对刀补进行修正。请将测量值、对应刀补值记录下来。

②记录加工中存在的问题(切削用量、加工路径、刀具等)。

二、保养机床,清理场地

按照"6S"管理要求进行,并做好交接班记录。

交接班记录表

日　期	年　月　日	时　间	
交班人		接班人	
交接设备情况			
未处理事项			
跟进处理情况			

学习活动三综合评价表

班级_____ 　　　　　　　　　　　　　　　　　　姓名_____ 学号_____

项　目	自我评价			小组评价			教师评价		
	10～9分	8～6分	5～1分	10～9分	8～6分	5～1分	10～9分	8～6分	5～1分
	占总评10%			占总评30%			占总评60%		
规范操作									
设备保养									
量具正确使用									
安全文明									
时间观念									
学习主动性									
工作态度									
纪律观念									
协作精神									
工作页质量									
小　计									
总　评									

学习活动四　台阶轴的检验与质量分析

学习过程

【自主学习】

一、明确测量要素,选取检验用工、量具

1. 台阶轴的测量要素

2. 检测所需的工、量具

序　号	名　称	规　格	检验内容	备　注

二、检测零件,填写台阶轴质量检验单

台阶轴质量检验单

序　号	项　目	内　容	检测结果	结　果
1		$\phi 22_{-0.010}^{0}$		
2	外圆	$\phi 19_{-0.010}^{0}$		
3		$\phi 17_{-0.010}^{0}$		
4		$40_{-0.15}^{0}$		
5	长度	$16_{-0.15}^{0}$		
6		$14_{-0.15}^{0}$		
7	倒角	$C1$		
8	表面粗糙度	$R_a 3.2$		

三、提出工艺修改方案

不合格项目	产生原因	整改意见

台阶轴加工评价表

工件编号		技术要求	配分	评分标准	检测结果	得分
项　目	序号					
机床操作（20%）	1	正确开启机床	2	不正确、不合格无分		
	2	程序的输入及修改	4	不正确、不合格无分		
	3	程序的校验	4	不正确、不合格无分		
	4	对刀	6	不正确、不合格无分		
	5	刀具补偿的调整	4	不正确、不合格无分		
程序与工艺（20%）	6	程序格式规范	5	每错一处扣2分		
	7	程序正确	8	每错一处扣2分		
	8	工艺合理	7	每错一处扣2分		
零件质量（50%）	9	$\phi 22_{-0.10}^{0}$	9	超差0.01 mm扣2分		
	10	$\phi 19_{-0.10}^{0}$	9	超差0.01 mm扣2分		
	11	$\phi 17_{-0.10}^{0}$	9	超差0.01 mm扣2分		
	12	$40_{-0.15}^{0}$	6	超差0.01 mm扣2分		
	13	$16_{-0.15}^{0}$	6	超差0.02 mm扣1分		
	14	$14_{-0.15}^{0}$	4	超差0.02 mm扣1分		
	15	$C1$	2	不合格无分		
	16	$R_a 3.2$(5处)	5	降级不得分		
安全文明生产（10%）	17	安全操作	5	违反操作规程无分		
	18	机床清理	5	不合格无分		
总　分			100			

学习活动五　工作总结与评价

学习过程

一、展示评价

把个人编写的零件加工工艺和加工程序进行组内展示,再由小组推荐代表在整个班级展示。在展示过程中,以组为单位进行评价。

二、展示评价项目

在评价中注意观察与总结并填写以下项目:

1.展示的零件是否符合技术要求

2.本小组介绍成果时是否介绍清楚

3.本小组介绍检验方法时操作是否正确

4.本小组成员的团队协作精神如何

三、工作体会

(在本任务中我学到了什么,成功做到了些什么,在小组中扮演了什么角色,有哪些收获,有哪些方面还可以继续提高)

【评价与分析】

学习活动五综合评价表

班级_____　　　　　　　　　　　　　姓名_____　学号_____

项　目	自我评价 评价标准 优秀:10~9分 良好:8~6分 一般:5~1分 占总评10%			小组评价 评价标准 优秀:10~9分 良好:8~6分 一般:5~1分 占总评30%			教师评价 评价标准 优秀:10~9分 良好:8~6分 一般:5~1分 占总评60%		
学习活动一									
学习活动二									
学习活动三									
学习活动四									
学习主动性									
协作精神									
纪律情况									
表达能力									
工作态度									
活动角色									
小　计									
总　评									

学习任务二　切槽、切断加工

【学习目标】

1. 会根据工件加工要求选择合适的刀具类型。

2. 熟练掌握数控车床切槽、切断的编程方法及确定有关的切削用量。

3. 掌握槽的检测方法。

4. 学会查阅相关资料，了解槽在零件中的作用。

5. 学会按车间"6S"管理和产品工艺流程的要求，正确放置零件，整理现场、保养机床，进行产品交接并规范填写交接班记录。

6. 学会主动获取信息，展示工作成果，对学习与工作进行反思和总结，并能与他人开展合作，进行有效沟通。

【建议学时】

12 学时。

学习活动一　切槽、切断加工的工艺分析

 学习过程

【自主学习】

一、制订工作计划

工作计划及生产进程表

工作步骤	工作内容	实施时间	实施人员
第 1 步	领取任务单		
第 2 步	查阅相关资料		
第 3 步	分析讨论确定加工工艺		
第 4 步	填写工、量、刀具清单		
第 5 步	核算成本		
第 6 步	领取加工材料		
第 7 步	领取工、量、刀具		
第 8 步	加工准备		
第 9 步	独立加工		
第 10 步	递交加工零件		
第 11 步	检测零件、填写检验单		
第 12 步	总结分析		

二、分析图样,制订台阶轴加工工艺卡

1.任务单

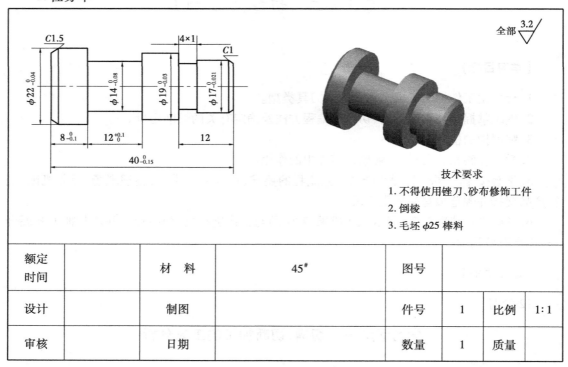

技术要求
1. 不得使用锉刀、砂布修饰工件
2. 倒棱
3. 毛坯 $\phi 25$ 棒料

额定 时间		材　料	45#	图号			
设计		制图		件号	1	比例	1:1
审核		日期		数量	1	质量	

2.收集信息

①槽在零件中主要起什么作用? 常用的切刀材料有哪几类?

a. 主要作用:

_____

_____

b. 常用的切刀材料:

_____

_____

②查阅切槽刀的切削用量以及高速钢切刀的几何角度。

3.讨论并确定零件的加工工艺过程,填写加工工艺卡

单位名称	加工工艺过程卡片	产品名称		图　号		
		零件名称		数　量		第　页
	毛坯种类		毛坯尺寸			共　页
工序号	工序内容		设　备	工艺装备	计划工时	实际工时
				夹具	量、刃具	
设计 （日期）			材料牌号	校　正	审　核	批　准

4.数控车工加工工、量、刃、辅具借用清单

部门:＿＿＿＿＿＿＿＿＿　　　　　　　　　　申请人:＿＿＿＿＿＿＿＿＿

类　别	序　号	名　称	型号或规格	数　量	备　注
切削刀具	1				
	2				
	3				
	4				
测量工具	1				
	2				
	3				
	4				
操作工具	1				
	2				
	3				
	4				

车间主任:＿＿＿＿＿＿＿＿＿　　　　　　　　生产主管:＿＿＿＿＿＿＿＿＿

学习活动一综合评价表

班级_____　　　　　　　　　　　　　　　姓名_____　学号_____

项 目	自我评价			小组评价			教师评价		
	10~9分	8~6分	5~1分	10~9分	8~6分	5~1分	10~9分	8~6分	5~1分
	占总评10%			占总评30%			占总评60%		
制订工作计划									
工艺分析									
展示讨论									
绘图									
表达、沟通能力									
工作页质量									
学习主动性									
协作精神									
纪律观念									
工作态度									
小 计									
总 评									

学习活动二　切槽、切断加工的知识及编程

学习过程

【知识学习】

程序编制如下：

1. 指令选择

M03　M05　M00　M30　T 指令

快速点定位 G00,

直线插补 G01,

外圆粗车循环 G90

2. G75——外沟槽切削循环

G75 走刀路线如图 2.2 所示。

格式：G75　R(e)

G75 X(U)__　Z(W)__　P(Δi)　Q(ΔK)　F__　;

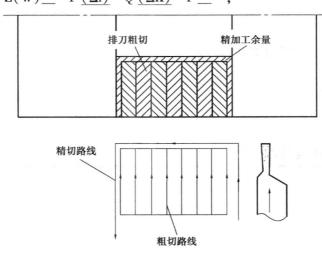

图 2.2　G75 走刀路线

说明：

e:退刀量。

X,Z:目标点的绝对值坐标。

U,W:目标点的增量值坐标。

Δi:X 向每次切入深度,单位为 μm。

ΔK:Z 向每次移动量,单位为 μm。

F:进给速度。

刀具从循环起点开始,先往径向 Δi 方向进刀,到达给定的坐标值后,退到径向起点,再移动 ΔK(小于或等于刀宽),再继续往径向 Δi 方向进刀,依照这个方式进行循环切削,直到到达

目标点。

如果在 G75 指令中 Z(W)设定为0,循环执行时,仅 X 方向移动,而 Z 方向不作移动。

编程示例:如图2.3所示,其槽的加工程序(高速钢切刀,切刀宽=4 mm,左刀尖为刀位点)如下:

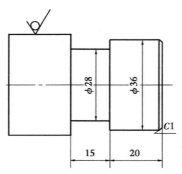

图2.3 切槽加工编程示例零件图

O0001;

…

G00 X38 Z-24;

G75 X28 Z-35 P2000 Q3500 F20;

G00X60 Z100;

…

【技能训练】

1.绘制切槽、切断零件图

2. 编写程序

数控车床程序单	零件毛坯				日　期	
	零件名称		工序号		材　料	
	车床型号		夹具名称		实训车间	

学习活动二综合评价表

班级_____   姓名_____ 学号_____

项　目	自我评价			小组评价			教师评价		
	10~9分	8~6分	5~1分	10~9分	8~6分	5~1分	10~9分	8~6分	5~1分
	占总评10%			占总评30%			占总评60%		
独立能力									
回答问题									
编程能力									
收集信息									
学习主动性									
协作精神									
工作页质量									
纪律观念									
表达能力									
工作态度									
小　计									
总　评									

学习活动三　切槽、切断的加工

 学习过程

【技能训练】

一、零件加工

1. 程序输入及校验

输入已编制好的轴类零件切槽、切断加工程序,利用数控车床的模拟功能判断程序的对错,小组讨论修改并完善加工程序。程序输入时,记录报警号及解决方法。

_____

_____

_____

2. 对刀操作

切刀在数控车床上对刀的具体步骤是怎样的? 切槽、切断加工中,切刀安装中应注意什么?

记录 3 次对刀的数据。

90°车刀			切　刀		
第 1 次			第 1 次		
第 2 次			第 2 次		
第 3 次			第 3 次		

3. 自动加工

①为了保证加工质量,粗加工完成后进行测量、记录并对刀补进行修正。

②记录加工中存在的问题(切削用量、加工路径、刀具等)。

二、保养机床,清理场地

按照"6S"管理要求进行,并做好交接班记录。

交接班记录表

日　期	年　月　日	时　间	
交班人		接班人	
交接设备情况			
未处理事项			
跟进处理情况			

学习活动三综合评价表

班级_____ 姓名_____ 学号_____

项 目	自我评价			小组评价			教师评价		
	10~9分	8~6分	5~1分	10~9分	8~6分	5~1分	10~9分	8~6分	5~1分
	占总评10%			占总评30%			占总评60%		
规范操作									
设备保养									
量具正确使用									
安全文明									
时间观念									
学习主动性									
工作态度									
纪律观念									
协作精神									
工作页质量									
小 计									
总 评									

学习活动四 切槽、切断的检验与质量分析

 学习过程

【自主学习】

一、明确测量要素,选取检验用工、量具

1. 切槽、切断的测量要素

2. 检测所需的工、量具

序 号	名 称	规 格	检验内容	备 注

二、检测零件,填写切槽、切断质量检验单

切槽、切断质量检验单

序 号	项 目	内 容	检测结果	结 果
1	外圆	$\phi22_{-0.04}^{0}$		
2		$\phi19_{-0.03}^{0}$		
3		$\phi17_{-0.021}^{0}$		
4		$\phi14_{-0.08}^{0}$		
5	长度	$40_{-0.15}^{0}$		
6		$12_{0}^{+0.1}$		
7		$8_{-0.1}^{0}$		
8	槽	4×1		
9	倒角	$C1$		
10		$C1.5$		
11	表面粗糙度	$R_{a}3.2$		

三、提出工艺修改方案

不合格项目	产生原因	整改意见

切槽、切断加工评价表

项　目	序号	技术要求	配分	评分标准	检测结果	得分
工件编号						
机床操作（20%）	1	正确开启机床	2	不正确、不合格无分		
	2	程序的输入及修改	4	不正确、不合格无分		
	3	程序的校验	4	不正确、不合格无分		
	4	对刀	6	不正确、不合格无分		
	5	刀具补偿的调整	4	不正确、不合格无分		
程序与工艺（20%）	6	程序格式规范	5	每错一处扣2分		
	7	程序正确	8	每错一处扣2分		
	8	工艺合理	7	每错一处扣2分		
零件质量（50%）	9	$\phi22_{-0.04}^{0}$	6	超差0.01 mm扣2分		
	10	$\phi19_{-0.03}^{0}$	6	超差0.01 mm扣2分		
	11	$\phi17_{-0.021}^{0}$	6	超差0.01 mm扣2分		
	12	$\phi14_{-0.08}^{0}$	6	超差0.01 mm扣2分		
	13	$40_{-0.15}^{0}$	5	超差0.02 mm扣1分		
	14	$12_{0}^{+0.1}$	5	超差0.02 mm扣1分		
	15	$8_{-0.1}^{0}$	4	超差0.02 mm扣1分		
	16	4×1	2	不合格无分		
	17	$C1$	2	不合格无分		
	18	$C1.5$	2	不合格无分		
	19	$R_a3.2$(6处)	6	降级不得分		
安全文明生产（10%）	20	安全操作	5	违反操作规程无分		
	21	机床清理	5	不合格无分		
总　分			100			

学习活动五 工作总结与评价

学习过程

一、展示评价

把个人编写的零件加工工艺和加工程序进行组内展示,再由小组推荐代表在整个班级展示,在展示过程中以组为单位进行评价。

二、展示评价项目

在评价中注意观察与总结并填写以下项目:

1. 展示的零件是否符合技术要求

2. 本小组介绍成果时是否介绍清楚

3. 本小组介绍检验方法时操作是否正确

4. 本小组成员的团队协作精神如何

三、工作体会

(在本任务中我学到了什么,成功做到了些什么,在小组中扮演了什么角色,有哪些收获,有哪些方面还可以继续提高)

【评价与分析】

学习活动五综合评价表

班级_____ 姓名_____ 学号_____

项 目	自我评价			小组评价			教师评价		
	评价标准 优秀:10~9分 良好:8~6分 一般:5~1分			评价标准 优秀:10~9分 良好:8~6分 一般:5~1分			评价标准 优秀:10~9分 良好:8~6分 一般:5~1分		
	占总评10%			占总评30%			占总评60%		
学习活动一									
学习活动二									
学习活动三									
学习活动四									
学习主动性									
协作精神									
纪律情况									
表达能力									
工作态度									
活动角色									
小 计									
总 评									

学习任务三　外圆锥加工

【学习目标】

1. 掌握外圆锥的基本要素及计算方法。
2. 能掌握数控加工外圆锥的编程方法。
3. 能掌握外圆锥的工艺要求和用途。
4. 学会查阅相关资料，了解圆锥在零件中的作用。
5. 学会灵活选择切削用量及编程指令。
6. 学会规范、熟练地使用常用量具，判断加工质量，并根据检测结果分析产生误差的原因，提出修改意见。
7. 会根据加工情况修改程序和刀补。
8. 学会按车间"6S"管理和产品工艺流程的要求，正确放置零件，整理现场、保养机床，进行产品交接并规范填写交接班记录。
9. 学会主动获取信息，展示工作成果，对学习与工作进行反思和总结，并能与他人开展合作，进行有效沟通。

【建议学时】

12 学时。

学习活动一　外圆锥加工的工艺分析

 学习过程

【自主学习】

一、制订工作计划

工作计划及生产进程表

工作步骤	工作内容	实施时间	实施人员
第 1 步	领取任务单		
第 2 步	查阅相关资料		
第 3 步	分析讨论确定加工工艺		
第 4 步	填写工、量、刀具清单		
第 5 步	核算成本		
第 6 步	领取加工材料		
第 7 步	领取工、量、刀具		

续表

工作步骤	工作内容	实施时间	实施人员
第8步	加工准备		
第9步	独立加工		
第10步	递交加工零件		
第11步	检测零件、填写检验单		
第12步	总结分析		

二、分析图样,制订外圆锥加工工艺卡

1. 任务单

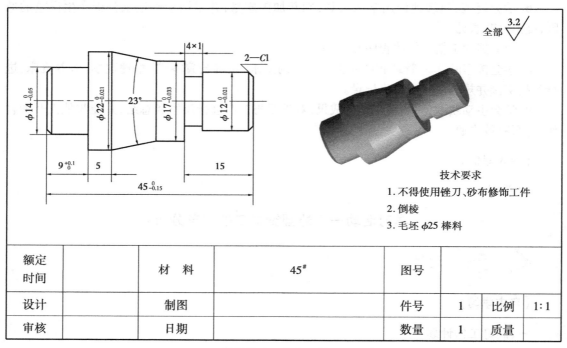

技术要求
1. 不得使用锉刀、砂布修饰工件
2. 倒棱
3. 毛坯 $\phi 25$ 棒料

额定时间		材　料		45#		图号			
设计		制图				件号	1	比例	1:1
审核		日期				数量	1	质量	

2. 收集信息:

①圆锥在零件中主要起什么作用?

a. 主要作用:

_____

b. 车削圆锥时,刀尖装得高于或低于工件中心,会产生(　　)误差。

A. 圆度　　　　B. 圆跳动　　　　C. 双曲线　　　　D. 表面粗糙度

②查阅圆锥的计算公式并判断下列公式是否正确?

$$\tan\frac{\alpha}{2} = \frac{D-d}{L} = \frac{C}{2}$$

3.讨论并确定零件的加工工艺过程,填写加工工艺卡

单位名称	加工工艺过程卡片	产品名称		图 号		
		零件名称		数 量		第 页
	毛坯种类		毛坯尺寸			共 页
工序号	工序内容		设 备	工艺装备	计划工时	实际工时
				夹具 | 量、刃具		
设计 (日期)		材料牌号		校 正 | 审 核	批 准	

4.数控车工加工工、量、刃、辅具借用清单

部门:＿＿＿＿＿＿＿＿＿＿　　　　　　　　　　　　　　　　申请人:＿＿＿＿＿＿＿＿＿＿

类 别	序 号	名 称	型号或规格	数 量	备 注
切削刀具	1				
	2				
	3				
	4				
测量工具	1				
	2				
	3				
操作工具	1				
	2				
	3				
	4				

车间主任:＿＿＿＿＿＿＿＿＿＿　　　　　　　　　　　　　　生产主管:＿＿＿＿＿＿＿＿＿＿

学习活动一综合评价表

班级_____ 姓名_____ 学号_____

项 目	自我评价			小组评价			教师评价		
	10～9分	8～6分	5～1分	10～9分	8～6分	5～1分	10～9分	8～6分	5～1分
	占总评10%			占总评30%			占总评60%		
制订工作计划									
工艺分析									
展示讨论									
绘图									
表达、沟通能力									
工作页质量									
学习主动性									
协作精神									
纪律观念									
工作态度									
小 计									
总 评									

学习活动二　外圆锥加工的知识及编程

学习过程

【知识学习】

一、圆锥的基本参数
圆锥的基本参数如图 2.4 所示。

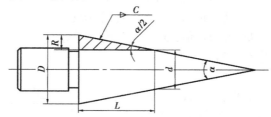

图 2.4　圆锥的基本参数

①最大圆锥直径 D,简称大端直径。

②最小圆锥直径 d,简称小端直径。

③圆锥长度 L。

④锥度 C,其计算公式为

$$C = \frac{D - d}{L}$$

⑤圆锥半角 $\alpha/2$,其计算公式为

$$\tan \frac{\alpha}{2} = \frac{D - d}{2L} = \frac{C}{2}$$

⑥圆锥量 R,其计算公式为

$$R = \frac{D - d}{2}$$

二、程序编制
指令选择如下:

M03　M05　M00　M30

T 指令

快速点定位 G00,

直线插补 G01

①轴向圆锥循环加工指令 G90

格式:

N__　G90　X(U)__　Z(W)__　R__　F__;

说明:

X,Z:锥度终点的坐标。

U,W:锥度起点相对于锥度终点的相对坐标。

R:圆锥量。

F:进给速度。

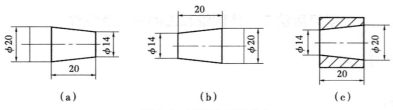

图 2.5　圆锥的几种形式

圆锥有以下 3 种形式：

顺锥：X 值不变，R 值要变，且为负值，如图 2.5（a）所示。

倒锥：X 值要变，R 值不变，且为正值，如图 2.5（b）所示。

内锥：X 值不变，R 值要变，且为正值，如图 2.5（c）所示。

②端面圆锥循环加工指令 G94

格式：

N＿　G94　X(U)＿　Z(W)＿　R＿　F＿　;

其他指令含义与 G90 相同，不同的是 R 表示端面切削起点与终点在 Z 方向的增量坐标值。

指令说明：注意 R 的符号，确定方法为切削起点 Z 坐标值大于终点坐标值时为正；反之，为负。

编程示例：如图 2.6 所示，加工外圆锥，G90 的编程方法程序如下：

O0002

…

G00　X36　Z0；

G90　X36　Z－30　R－2　F200；

　　　　　　　　　R－4；

　　　　　　　　　R－6；

G00　X100　Z100；

…

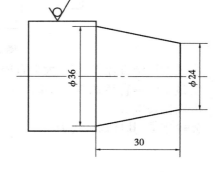

图 2.6　外圆锥加工编程示例零件图

【技能训练】

1.绘制外圆锥零件图

2. 编写程序

数控车床 程序单	零件毛坯				日　期	
	零件名称		工序号		材　料	
	车床型号		夹具名称		实训车间	

学习活动二综合评价表

班级_____   姓名_____ 学号_____

项　目	自我评价			小组评价			教师评价		
	10~9分	8~6分	5~1分	10~9分	8~6分	5~1分	10~9分	8~6分	5~1分
	占总评10%			占总评30%			占总评60%		
独立能力									
回答问题									
编程能力									
收集信息									
学习主动性									
协作精神									
工作页质量									
纪律观念									
表达能力									
工作态度									
小　计									
总　评									

学习活动三　外圆锥的加工

学习过程

【技能训练】

一、零件的加工

1. 程序输入及校验

输入已编制好的外圆锥加工程序,利用数控车床的模拟功能判断程序的对错,小组讨论修改并完善加工程序。程序输入时,记录报警号及解决方法。

_____

_____

_____

2. 自动加工

①为了保证加工质量,粗加工完成后进行测量、记录并对刀补进行修正。

②记录加工中存在的问题(切削用量、加工路径、刀具等)。

二、保养机床,清理场地

按照"6S"管理要求进行,并做好交接班记录。

交接班记录表

日　　期	年　月　日	时　　间	
交班人		接班人	
交接设备情况			
未处理事项			
跟进处理情况			

学习活动三综合评价表

班级_____   姓名_____ 学号_____

项　目	自我评价			小组评价			教师评价		
	10~9分	8~6分	5~1分	10~9分	8~6分	5~1分	10~9分	8~6分	5~1分
	占总评10%			占总评30%			占总评60%		
规范操作									
设备保养									
量具正确使用									
安全文明									
时间观念									
学习主动性									
工作态度									
纪律观念									
协作精神									
工作页质量									
小　计									
总　评									

学习活动四　外圆锥的检验与质量分析

 学习过程

【知识学习】

外圆锥的检测方法如下：

用标准的圆锥套筒量具检测车削好的外圆锥（锥度要一致），先把外圆锥用铁锈红（氧化铁＋机油）涂上色，涂色要薄而均匀，然后把圆锥套筒套到车削好的外圆锥上，看它的着色面积是否合格。另外，在圆锥套筒量具的一端（大端或小端）有一个缺口，它是检测圆锥直径尺寸的，缺口两侧分别表示圆锥的最大和最小合格尺寸，只有工件端面在缺口范围内才算合格。当被加工外圆锥面的精度要求不高，检测锥度时，可使用游标卡尺或千分尺分别测量其大端和小端直径，然后用计算公式将锥度计算出来。检测内圆锥刚好和外圆锥相反，用的是外圆锥量具，检测方法同上。

【自主学习】

一、明确测量要素，选取检验用工、量具

1. 外圆锥的测量要素

2. 检测所需的工、量具

序　号	名　称	规　格	检验内容	备　注

二、检测零件，填写外圆锥质量检验单

外圆锥质量检验单

序　号	项　目	内　容	检测结果	结　果
1	外圆	$\phi 22_{-0.021}^{0}$		
2		$\phi 17_{-0.033}^{0}$		
3		$\phi 14_{-0.05}^{0}$		
4		$\phi 12_{-0.021}^{0}$		
5	长度	$45_{-0.15}^{0}$		
6		$9_{0}^{+0.1}$		
7		15		
8		8		

续表

序　号	项　目	内　容	检测结果	结　果
9	例角	2-C1		
10	槽	4×1		
11	表面粗糙度	$R_a3.2$		

三、提出工艺修改方案

不合格项目	产生原因	整改意见

外圆锥加工评价表

工件编号		技术要求	配分	评分标准	检测结果	得分
项　目	序号					
机床操作 （20%）	1	正确开启机床	2	不正确、不合格无分		
	2	程序的输入及修改	4	不正确、不合格无分		
	3	程序的校验	4	不正确、不合格无分		
	4	对刀	6	不正确、不合格无分		
	5	刀具补偿的调整	4	不正确、不合格无分		
程序与工艺 （20%）	6	程序格式规范	5	每错一处扣2分		
	7	程序正确	8	每错一处扣2分		
	8	工艺合理	7	每错一处扣2分		
零件质量 （50%）	9	$\phi22_{-0.021}^{0}$	6	超差0.01 mm扣2分		
	10	$\phi17_{-0.033}^{0}$	6	超差0.01 mm扣2分		
	11	$\phi14_{-0.05}^{0}$	6	超差0.01 mm扣2分		
	12	$\phi12_{-0.021}^{0}$	6	超差0.01 mm扣2分		
	13	$45_{-0.15}^{0}$	6	超差0.02 mm扣1分		
	14	$9_{0}^{+0.1}$	4	超差0.02 mm扣1分		
	15	15	4	超差0.02 mm扣1分		
	16	8	2	不合格无分		
	17	2-C1（两处）	2	不合格无分		

续表

工件编号		技术要求	配分	评分标准	检测结果	得分
项　目	序号					
零件质量 （50%）	18	4×1	2	不合格无分		
	19	$R_a 3.2$	6	降级不得分		
安全文明生产 （10%）	20	安全操作	5	违反操作规程无分		
	21	机床清理	5	不合格无分		
总　分			100			

学习活动五　工作总结与评价

 学习过程

一、展示评价

把个人编写的零件加工工艺和加工程序进行组内展示,再由小组推荐代表在整个班级展示。在展示过程中,以组为单位进行评价。

二、展示评价项目

在评价中注意观察与总结并填写以下项目:

1. 展示的零件是否符合技术要求

2. 本小组介绍成果时是否介绍清楚

3. 本小组介绍检验方法时操作是否正确

4. 本小组成员的团队协作精神如何

三、工作体会

(在本任务中我学到了什么,成功做到了些什么,在小组中扮演了什么角色,有哪些收获,有哪些方面还可以继续提高)

【评价与分析】

学习活动五综合评价表

班级_____ 姓名_____ 学号_____

项　目	自我评价			小组评价			教师评价		
	评价标准 优秀:10~9分 良好:8~6分 一般:5~1分			评价标准 优秀:10~9分 良好:8~6分 一般:5~1分			评价标准 优秀:10~9分 良好:8~6分 一般:5~1分		
	占总评10%			占总评30%			占总评60%		
学习活动一									
学习活动二									
学习活动三									
学习活动四									
学习主动性									
协作精神									
纪律情况									
表达能力									
工作态度									
活动角色									
小　计									
总　评									

项目三
成形面零件加工

学习任务一　成形面的加工

【学习目标】

1. 掌握成形面的计算和加工方法。

2. 能根据图样编制加工程序单,并正确填写加工工艺卡片。

3. 会根据不同成形面选择加工方法和刀具角度。

4. 能正确输入加工程序,并进行程序校验。

5. 学会规范、熟练地使用常用量具,对零件进行检测,并根据检测结果分析产生误差的原因,提出修改意见。

6. 学会按车间"6S"管理和产品工艺流程的要求,正确放置零件,整理现场、保养机床,进行产品交接并规范填写交接班记录。

7. 学会主动获取信息,展示工作成果,对学习与工作进行反思和总结,并能与他人开展合作,进行有效沟通。

【建议学时】

12 学时。

学习活动一　成形面零件的工艺分析

学习过程

【自主学习】

一、制订工作计划

工作计划及生产进程表

工作步骤	工作内容	实施时间	实施人员
第1步	领取任务单		

续表

工作步骤	工作内容	实施时间	实施人员
第2步	查阅相关资料		
第3步	分析讨论确定加工工艺		
第4步	填写工、量、刀具清单		
第5步	核算成本		
第6步	领取加工材料		
第7步	领取工、量、刀具		
第8步	加工准备		
第9步	独立加工		
第10步	递交加工零件		
第11步	检测零件、填写检验单		
第12步	总结分析		

二、分析图样,制订成形面零件的加工工艺卡

1. 任务单

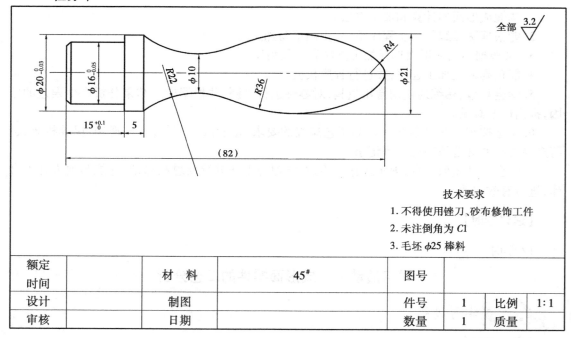

技术要求

1. 不得使用锉刀、砂布修饰工件

2. 未注倒角为 C1

3. 毛坯 φ25 棒料

额定时间		材　料	45#	图号			
设计		制图		件号	1	比例	1:1
审核		日期		数量	1	质量	

2. 收集信息

①成形面零件的特点是什么? 查找 2~3 个成形面零件。

②计算手柄基点的坐标。

3.讨论并确定零件的加工工艺过程,填写加工工艺卡

单位名称	加工工艺过程卡片	产品名称		图 号		
		零件名称		数 量		第 页
	毛坯种类		毛坯尺寸			共 页
工序号	工序内容		设 备	工艺装备	计划工时	实际工时
				夹具	量、刀具	
设计 (日期)		材料牌号		校 正	审 核	批 准

4.数控车工加工工、量、刃、辅具借用清单

部门:＿＿＿＿＿＿＿＿＿＿　　　　　　　　　　申请人:＿＿＿＿＿＿＿＿＿＿

类 别	序号	名 称	型号或规格	数 量	备 注
切削刀具	1				
	2				
	3				
	4				
测量工具	1				
	2				
	3				
	4				
操作工具	1				
	2				
	3				
	4				

车间主任:＿＿＿＿＿＿＿＿＿＿　　　　　　　　　生产主管:＿＿＿＿＿＿＿＿＿＿

学习活动一综合评价表

班级_____ 姓名_____ 学号_____

项　目	自我评价			小组评价			教师评价		
	10～9分	8～6分	5～1分	10～9分	8～6分	5～1分	10～9分	8～6分	5～1分
	占总评10%			占总评30%			占总评60%		
制订工作计划									
工艺分析									
展示讨论									
绘图									
表达、沟通能力									
工作页质量									
学习主动性									
协作精神									
纪律观念									
工作态度									
小　计									
总　评									

学习活动二　成形面加工的知识及编程

【知识学习】

一、编程指令

1. 顺时针圆弧插补 G02、逆时针圆弧插补 G03

格式：

N __ G02/G03 X(U)__ Z(W)__ R __ F__;

另一种格式：

N __ G02/G03 X(U)__ Z(W)__ I __ K __ F__;

说明：

X/Z：圆弧终点的绝对坐标值。

U/W：圆弧终点相对圆弧起点的增量坐标值。

R：圆弧半径。

I/K：圆心坐标（圆弧起点相对于圆心的距离）。

F：进给速度。

2. 指令说明

（1）顺逆圆弧判断方法

沿圆弧所在平面的第三轴负向看圆弧，顺时针即为 G02，逆时针即为 G03。在判断圆弧顺逆方向时，一定要注意刀架是前置还是后置，如图 3.1 所示。

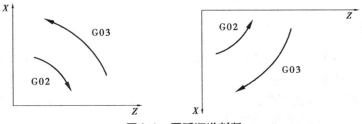

图 3.1　圆弧顺逆判断

（2）圆弧半径的确定

圆弧半径 R 有正负之分。当圆弧圆心角小于或等于 180°时，R 为正值；当圆心角大于 180°时，R 为负值。通常情况下，数控车床所加工的圆弧小于 180°。如图 3.2 所示，圆弧 AB1

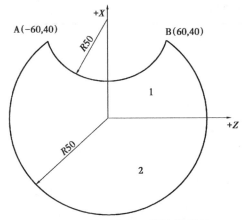

图 3.2　圆弧半径正负值的判断

圆心角小于180°,R 为正值;圆弧 AB2 圆心角大于180°,R 为负值。

二、圆弧加工工艺路线的确定

应用 G02 或 G03 指令车圆弧时,若一刀就把圆弧加工出来,这样吃刀量太大,容易扎刀。因此,实际车圆弧时,需多刀加工,先将大余量切除,最后精车得到所需圆弧。

下面分析车圆弧的加工路线。

如图 3.3(a)所示为车圆弧的阶梯切削路线,即先粗车成阶梯,最后一刀精车出圆弧。此方法刀具切削运动距离较短,但数值计算较复杂。

如图 3.3(b)所示为车圆弧的同心圆切削路线,即沿不同的半径圆来车削,最后将所需圆弧加工出来。此方法数值计算简单,编程方便,因此常被采用,但空行程较长。

如图 3.3(c)所示为车圆弧的车圆锥法切削路线,即先车一个圆锥,再车圆弧。但要注意车圆锥时起点和终点的确定,若确定不好,则可能损坏圆锥表面,也有可能将余量留得过大。

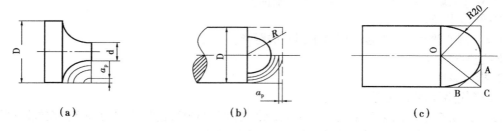

(a)　　　　　　　　　(b)　　　　　　　　　(c)

图 3.3　圆弧加工路线

【知识测试】

①指令 G02/G03 程序段中的"I/K"为圆弧的_____相对于圆弧的起点,并分别在 X 坐标轴和 Z 坐标轴上的_____。

②圆弧插补顺逆方向的判断方法是:沿圆弧所在的平面(如 XZ 平面)的另一根轴(Y 轴)的_____看该圆弧,顺时针方向圆弧为_____,逆时针方向圆弧为_____。

【技能训练】

1.绘制手柄图(按2:1绘制)

2. 编写程序

数控车床 程序单	零件毛坯				日　期	
	零件名称		工序号		材　料	
	车床型号		夹具名称		实训车间	

学习活动二综合评价表

班级_____   姓名_____ 学号_____

项　目	自我评价			小组评价			教师评价		
	10~9分	8~6分	5~1分	10~9分	8~6分	5~1分	10~9分	8~6分	5~1分
	占总评10%			占总评30%			占总评60%		
独立能力									
回答问题									
编程能力									
收集信息									
学习主动性									
协作精神									
工作页质量									
纪律观念									
表达能力									
工作态度									
小　计									
总　评									

学习活动三　成形面的加工

学习过程

【技能训练】

一、零件加工

1. 刀具角度的计算与刃磨

90°外圆车刀副偏角刃磨的角度如图3.4所示。

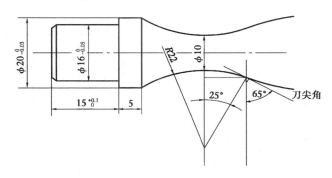

图3.4　外圆车刀刃磨的角度

2. 程序输入及校验

输入已编制好的成形面加工程序,利用数控车床的模拟功能判断程序的对错,小组讨论并完善加工程序。程序输入时记录报警号及解决方法。

3. 自动加工

①为了保证加工质量,粗加工完成后进行测量、记录,并对刀补进行修正。

②记录加工中存在的问题(切削用量、加工路径、刀具等)。

二、保养机床,清理场地

按照"6S"管理要求进行,并做好交接班记录。

交接班记录表

日　期	年　　月　　日	时　间	
交班人		接班人	
交接设备情况			
未处理事项			
跟进处理情况			

学习活动三综合评价表

班级＿＿＿＿＿＿＿＿＿＿　　　　　　　　　　　　　　　姓名＿＿＿＿＿＿＿　学号＿＿＿＿＿＿＿

项　　目	自我评价			小组评价			教师评价		
	10～9分	8～6分	5～1分	10～9分	8～6分	5～1分	10～9分	8～6分	5～1分
	占总评10%			占总评30%			占总评60%		
规范操作									
设备保养									
量具正确使用									
安全文明									
时间观念									
学习主动性									
工作态度									
纪律观念									
协作精神									
工作页质量									
小　计									
总　评									

学习活动四　成形面的检验与质量分析

 学习过程

【自主学习】

一、明确测量要素,选取检验用工、量具

1. 成形面的测量要素

2. 检测所需的工、量具

序　号	名　　称	规　格	检验内容	备　注

二、检测零件,填写成形面质量检验单

成形面质量检验单

序　号	项　　目	内　容	检测结果	结　　果
1	外圆	$\phi 20_{-0.03}^{0}$		
2		$\phi 21$		
3		$R22$		
4		$R4$		
5		$R36$		
6		$\phi 16_{-0.05}^{0}$		
7		$\phi 10$		
8	长度	$15_{0}^{+0.1}$		
9		5		
10		82		
11	倒角	$C1$		
12	表面粗糙度	$R_a 3.2$		

三、提出工艺修改方案

不合格项目	产生原因	整改意见

成形面加工评价表

工件编号		技术要求	配分	评分标准	检测结果	得分
项　目	序号					
机床操作（20%）	1	正确开启机床	2	不正确、不合格无分		
	2	程序的输入及修改	4	不正确、不合格无分		
	3	程序的校验	4	不正确、不合格无分		
	4	对刀	6	不正确、不合格无分		
	5	刀具补偿的调整	4	不正确、不合格无分		
程序与工艺（20%）	6	程序格式规范	5	每错一处扣2分		
	7	程序正确	8	每错一处扣2分		
	8	工艺合理	7	每错一处扣2分		
零件质量（50%）	9	$\phi20_{-0.03}^{0}$	8	超差0.01 mm扣2分		
	10	$\phi21$	4	超差0.01 mm扣2分		
	11	$R22$	5	不合格无分		
	12	$R4$	5	不合格无分		
	13	$R36$	5	不合格无分		
	14	$\phi16_{-0.05}^{0}$	6	超差0.02 mm扣1分		
	15	$\phi10$	2	不合格无分		
	16	$15_{0}^{+0.1}$	4	超差0.02 mm扣1分		
	17	5	2	不合格无分		
	18	82	2	不合格无分		
	19	$C1$	2	不合格无分		
	20	$R_a3.2$	5	降级不得分		
安全文明生产（10%）	21	安全操作	5	违反操作规程无分		
	22	机床清理	5	不合格无分		
总　　分			100			

学习活动五　工作总结与评价

 学习过程

一、展示评价

把个人编写的零件加工工艺和加工程序进行组内展示,再由小组推荐代表在整个班级展示。在展示过程中,以组为单位进行评价。

二、展示评价项目

在评价中注意观察与总结并填写以下项目:

1. 展示的零件是否符合技术要求

2. 本小组介绍成果时是否介绍清楚

3. 本小组介绍检验方法时操作是否正确

4. 本小组成员的团队协作精神如何

三、工作体会

(在本任务中我学到了什么,成功做到了些什么,在小组中扮演了什么角色,有哪些收获,有哪些方面还可以继续提高)

【评价与分析】

学习活动五综合评价表

班级_____　　　　　　　　　　　　姓名_____　学号_____

项　目	自我评价			小组评价			教师评价		
	评价标准 优秀:10~9分 良好:8~6分 一般:5~1分			评价标准 优秀:10~9分 良好:8~6分 一般:5~1分			评价标准 优秀:10~9分 良好:8~6分 一般:5~1分		
	占总评10%			占总评30%			占总评60%		
学习活动一									
学习活动二									
学习活动三									
学习活动四									
学习主动性									
协作精神									
纪律情况									
表达能力									
工作态度									
活动角色									
小　计									
总　评									

项目四
三角形螺纹零件加工

学习任务一　三角形外螺纹的加工

【学习目标】

1. 学会三角形外螺纹基本尺寸的计算。
2. 学会三角形外螺纹车刀的刃磨。
3. 学会查阅相关资料,选择切削用量、刀具。
4. 学会根据三角形外螺纹的加工要求,运用规范对刀方法,正确建立坐标系。
5. 学会规范、熟练地使用常用量具,对三角形螺纹进行检测,判断加工质量,并根据检测结果分析产生误差的原因,提出修改意见。
6. 学会按车间"6S"管理和产品工艺流程的要求,正确放置零件,整理现场、保养机床,进行产品交接,并规范填写交接班记录。
7. 学会主动获取信息,展示工作成果,对学习与工作进行反思和总结,并能与他人开展合作,进行有效沟通。

【建议学时】

12 学时。

学习活动一　三角形外螺纹零件的工艺分析

 学习过程

【自主学习】

一、制订工作计划

工作计划及生产进程表

工作步骤	工作内容	实施时间	实施人员
第 1 步	领取任务单		

续表

工作步骤	工作内容	实施时间	实施人员
第2步	查阅相关资料		
第3步	分析讨论确定加工工艺		
第4步	填写工、量、刀具清单		
第5步	核算成本		
第6步	领取加工材料		
第7步	领取工、量、刀具		
第8步	加工准备		
第9步	独立加工		
第10步	递交加工零件		
第11步	检测零件、填写检验单		
第12步	总结分析		

二、分析图样,制订三角形外螺纹零件的加工工艺卡

1. 任务单

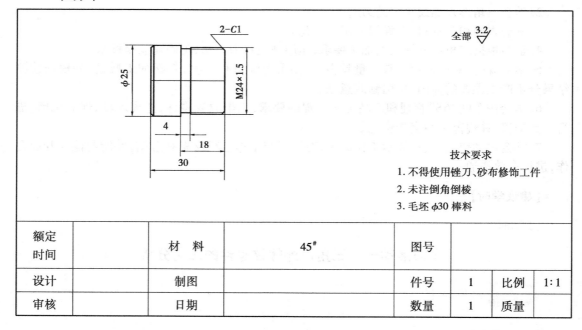

2. 收集信息

①三角形外螺纹零件的特点和用途是什么?

②绘制外三角形螺纹车刀的图形及几何角度。

_____

_____

3.讨论并确定零件的加工工艺过程,填写加工工艺卡

单位名称	加工工艺过程卡片	产品名称		图　号		
		零件名称		数　量		第　页
	毛坯种类		毛坯尺寸			共　页
工序号	工序内容		设　备	工艺装备	计划工时	实际工时
				夹具　量、刃具		
设计（日期）		材料牌号		校　正　审　核	批　准	

4.数控车工加工工、量、刃、辅具借用清单

部门:_____　　　　　　　　　　申请人:_____

类　别	序号	名　称	型号或规格	数　量	备注
切削刀具	1				
	2				
	3				
	4				
测量工具	1				
	2				
	3				
	4				
操作工具	1				
	2				
	3				
	4				

车间主任:_____　　　　　　　　生产主管:_____

学习活动一综合评价表

班级_____ 姓名_____ 学号_____

项　目	自我评价			小组评价			教师评价		
	10~9分	8~6分	5~1分	10~9分	8~6分	5~1分	10~9分	8~6分	5~1分
	占总评10%			占总评30%			占总评60%		
制订工作计划									
工艺分析									
展示讨论									
绘图									
表达、沟通能力									
工作页质量									
学习主动性									
协作精神									
纪律观念									
工作态度									
小　计									
总　评									

学习活动二 外三角形螺纹加工的知识及编程

【知识学习】

一、外三角形螺纹加工的知识

1. 普通三角形螺纹基本要素

普通三角形螺纹基本要素的计算公式,见表4.1。

表4.1 普通三角形螺纹基本要素的计算公式

基本参数	外螺纹	内螺纹	计算公式
牙型角	α		$\alpha = 60°$
螺纹大径	d	D	$d = D$
螺纹中径	d_2	D_2	$d_2 = D_2 = d - 0.6495p$
牙型高度	h_1		$h_1 = 0.5413p$
螺纹小径	d_1	D_1	$d_1 = D_1 = d - 1.0825p$

2. 三角形螺纹的车削方法

三角形螺纹有两种车削方法,即低速车削和高速车削。

3. 车削三角形螺纹时切削用量的选择

(1)车削三角形螺纹的切削用量

车削三角形螺纹时切削用量的推荐值,见表4.2。

表4.2 车削三角形螺纹时切削用量的推荐值

工件材料	刀具材料	螺距/mm	切削速度 v_c/min	背吃刀量 a_p/mm
45钢	P10	2	60~90	余量2~3次完成
45钢	W18Cr4V	1.5	粗车:15~30 精车:5~7	粗车:0.15~0.30 精车:0.05~0.08
铸铁	K20	2	粗车:15~30 精车:15~25	粗车:0.20~0.40 精车:0.05~0.10

(2)车削三角形螺纹切削用量的选择原则

①工件材料。加工塑性金属时,切削用量应相应增大;加工脆性金属时,切削用量应相应减小。

②加工性质。粗车螺纹时,切削用量可选得大些;精车时切削用量宜选小些。

③螺纹车刀的刚度。车外螺纹时,切削用量可选得较大;车内螺纹时,刀柄刚度较低,切削用量宜取得小些。

④进刀方式。直进刀法车削时,切削用量可取小些;斜进刀法和左右切削法车削时,切削用量可大些。

二、编程指令

1. 等螺距螺纹切削指令 G32

格式:

G32　X(U)＿　Z(W)＿　F＿ ;

说明:

X/Z:螺纹终点的绝对坐标值。

U/W:螺纹终点的增量坐标值。

F:螺距或导程。

X(U)省略时,为圆柱螺纹切削;Z(W)省略时,为端面螺纹切削。

应用范围:直螺纹,端面螺纹,锥螺纹,多线螺纹。

2. 螺纹固定循环指令 G92

格式:

G92　X(U)＿＿　Z(W)＿＿　R＿＿　F＿＿ ;

说明:

X/Z:螺纹终点的绝对坐标值。

U/W:螺纹终点的增量坐标值。

R:螺纹起点和终点的半径差。

F:螺距或导程。

当 R 为 0 时,用于切削圆柱螺纹。R 的正负号取决于螺纹切削的始点和终点坐标。当始点坐标值小于终点坐标值时,R 取负值;反之,取正值。

应用范围:圆柱螺纹,锥螺纹。

G92 走刀轨迹如图 4.1 所示。

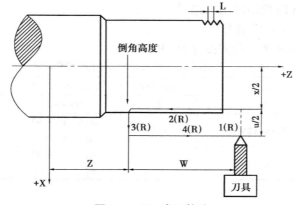

图 4.1　G92 走刀轨迹

三、螺纹术语

1. 螺纹牙型高度(螺纹总切深)

螺纹牙型高度是指在螺纹牙型上,牙顶到牙底之间垂直于螺纹轴线的距离。它是车削时车刀总的背吃刀量。

对于三角形普通螺纹,牙型高度按下列公式计算:

理论高度

$H = 0.866p$

牙型高度

$h_1 = 0.514\ 3p$

实际牙高

$h = 0.649\ 5p$

2. 螺纹起点与终点轴向尺寸

由于在车螺纹起点时有一个加速过程,在结束前有一个减速过程,在这段距离中,螺距不可能保持均匀,因此车螺纹时,两端必须设置足够的升速进刀段 δ_1 和减速退刀段 δ_2。δ_1,δ_2 一般按下式选取,即

$$\delta_1 \geqslant 2p$$
$$\delta_2 \geqslant (1 \sim 1.5)p$$

当退刀槽宽度小于 δ_1,δ_2 取 $1/2 \sim 2/3$ 槽宽;如果没有退刀槽,则不必考虑 δ_2,可利用复合指令中的退刀功能。

3. 分层切削深度

如果螺纹牙型高度和螺距较大,则可分几次进给。每次进刀的背吃刀量用螺纹深度精加工背吃刀量所得的差按递减规律分配。常用螺纹切削的进给次数与背吃刀量见表 4.3、表 4.4。

表 4.3 米制螺纹切削的进给次数与背吃刀量

螺　距		1.0	1.5	2.0	2.5	3.0	3.5	4.0
牙型高度(半径值)		0.649	0.974	1.299	1.624	1.949	2.273	2.598
背吃刀量及 进给次数 (直径值)	1 次	0.7	0.8	0.9	1.0	1.2	1.5	1.5
	2 次	0.47	0.6	0.6	0.7	0.7	0.7	0.8
	3 次	0.2	0.4	0.65	0.6	0.6	0.6	0.6
	4 次	—	0.16	0.4	0.4	0.4	0.6	0.6
	5 次	—	—	0.1	0.4	0.4	0.4	0.4
	6 次	—	—	—	0.15	0.4	0.4	0.4
	7 次	—	—	—	—	0.2	0.2	0.4
	8 次	—	—	—	—	—	0.15	0.3
	9 次	—	—	—	—	—	—	0.2

表 4.4 英制螺纹切削的进给次数与背吃刀量

In 牙数		24	18	16	14	12	10	8
牙型高度(半径值)		0.678	0.904	1.016	1.162	1.355	1.626	2.033
背吃刀量及 进给次数 (直径值)	1 次	0.8	0.8	0.8	0.8	0.9	1.0	1.2
	2 次	0.4	0.6	0.6	0.6	0.6	0.7	0.7
	3 次	0.16	0.3	0.5	0.5	0.6	0.6	0.6
	4 次	—	0.11	0.14	0.3	0.4	0.4	0.5
	5 次	—	—	—	0.15	0.21	0.4	0.5
	6 次	—	—	—	—	—	0.16	0.4
	7 次	—	—	—	—	—	—	0.17

在数控车床上车螺纹是采用直进法车削的,当采用硬质合金车刀高速车削螺纹时,切削速度一般取 $0.83 \sim 1.67$ m/s。

四、编程实例

试用 G92 指令编写如图 4.2 所示的螺纹加工程序。

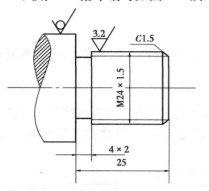

图 4.2   螺纹加工编程实例零件图

```
O0601
G0   X50   Z50；
M03   S500；
T0202；
G0   X25   Z5；
G92   X23.2   Z－21   F1.5；
        X22.6；
        X22.2；
        X22.05；
G0   X50
Z100；
M30；
```

五、用 G92 指令车削螺纹应注意的问题

①G92 指令为模态指令,当 Z 值移动量没有变化时,可省略不写,只写 X 坐标移动量即可。

②G92 中的 R 为非模态指令,加工螺纹时不可省略。

③在执行 G92 指令时,进给速度倍率和主轴进给倍率均无效。加工过程中不能改变主轴转速,否则会产生烂牙。

【知识测试】

①加工螺纹时,必须设置合理的导入距离 δ_1 和导出距离 δ_2,一般情况下,导入距离 δ_1 取_____,导出距离 δ_2 取_____。

②指令"G32   X(U)__   Z(W)__   F__;"中的"X(U)__   Z(W)__"表示螺纹_____,而"F"表示螺纹的_____。

③指令"G92   X(U)__   Z(W)__   R__   F__;"中的参数 R 表示_____的增量,其值为_____,加工_____时 R 代码不可省略。加工双头螺纹时,该指令中的"F"是指_____。

【技能训练】

1.绘制三角形螺纹零件图

2. 编写程序

数控车床程序单	零件毛坯				日　期	
	零件名称		工序号		材　料	
	车床型号		夹具名称		实训车间	

学习活动二综合评价表

班级_____   姓名_____   学号_____

项　目	自我评价			小组评价			教师评价		
	10~9分	8~6分	5~1分	10~9分	8~6分	5~1分	10~9分	8~6分	5~1分
	占总评10%			占总评30%			占总评60%		
独立能力									
回答问题									
编程能力									
收集信息									
学习主动性									
协作精神									
工作页质量									
纪律观念									
表达能力									
工作态度									
小　计									
总　评									

学习活动三 三角形螺纹的加工

 学习过程

【技能训练】

一、零件加工

1. 刀具的刃磨

三角形螺纹车刀的几何角度如图 4.3 所示,车刀角度的检查如图 4.4 所示。

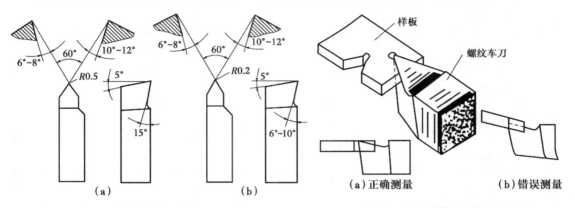

图 4.3 三角形外螺纹车刀的几何角度   图 4.4 三角形外螺纹车刀的检查

2. 程序输入及校验

输入已编制好的三角形螺纹加工程序,利用数控车床的模拟功能判断程序的对错,小组讨论并完善加工程序。程序输入时记录报警号及解决方法。

3. 自动加工

①为了保证加工质量,粗加工完成后进行测量、记录并对刀补进行修正。

②记录加工中存在的问题(切削用量、加工路径、刀具等)。

二、保养机床,清理场地

按照"6S"管理要求进行,并做好交接班记录。

交接班记录表

日 期	年 月 日	时 间	
交班人		接班人	
交接设备情况			
未处理事项			
跟进处理情况			

学习活动三综合评价表

班级_____ 　　　　　　　　　　　　　　　　姓名_____ 学号_____

项　目	自我评价			小组评价			教师评价		
	10~9分	8~6分	5~1分	10~9分	8~6分	5~1分	10~9分	8~6分	5~1分
	占总评10%			占总评30%			占总评60%		
规范操作									
设备保养									
量具正确使用									
安全文明									
时间观念									
学习主动性									
工作态度									
纪律观念									
协作精神									
工作页质量									
小　计									
总　评									

学习活动四　三角形外螺纹的检测与质量分析

学习过程

【知识学习】

三角形螺纹的检测方法如下：

1. 大径的测量

螺纹的大径公差较大，一般用游标卡尺测量。

2. 螺距的测量

①用螺距规测量，如图 4.5 所示。

②用钢直尺、游标卡尺测量，测量时先量出多个螺距的长度，然后把长度除以螺距的个数，就得出一个螺距的尺寸。

3. 中径的测量

精度较高的螺纹可用螺纹千分尺（见图 4.6）或用三针测量。

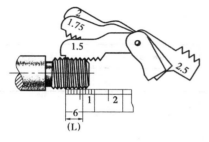

图 4.5　螺距的测量

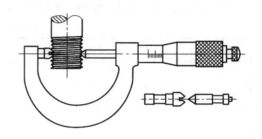

图 4.6　螺纹中径的测量

4. 综合测量

用相应的螺纹量规（见图 4.7）检测三角形螺纹。先对直径、螺距、牙型及表面粗糙度进行检测，然后用螺纹规检测螺纹的精度。如果通端进，而止端不进，为合格。对于精度不高的螺纹可用螺母来检查（生产中常用）。

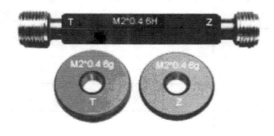

图 4.7　螺纹量规

【自主学习】

一、明确测量要素,选取检验用工、量具

1. 三角形螺纹的测量要素

2. 检测所需的工、量具

序　号	名　　称	规　格	检验内容	备　注

二、检测零件,填写三角形螺纹质量检验单

三角形螺纹质量检验单

序　号	项　目	内　容	检测结果	结　果
1	螺纹	M24×1.5		
2	外圆	$\phi25$		
3	长度	30		
4		18		
5		4		
6	倒角	C1（两处）		
7	表面粗糙度	$R_a3.2$		

三、提出工艺修改方案

不合格项目	产生原因	整改意见

三角形螺纹加工评价表

工件编号		技术要求	配分	评分标准	检测结果	得分
项　目	序号					
机床操作（20%）	1	正确开启机床	2	不正确、不合格无分		
	2	程序的输入及修改	4	不正确、不合格无分		
	3	程序的校验	4	不正确、不合格无分		
	4	对刀	6	不正确、不合格无分		
	5	刀具补偿的调整	4	不正确、不合格无分		
程序与工艺（20%）	6	程序格式规范	5	每错一处扣2分		
	7	程序正确	8	每错一处扣2分		
	8	工艺合理	7	每错一处扣2分		
零件质量（50%）	9	M24×1.5	15	超差0.01 mm扣2分		
	10	$\phi 25$	7	超差0.01 mm扣2分		
	11	30	5	不合格无分		
	12	18	5	不合格无分		
	13	4	5	不合格无分		
	14	C1（两处）	8	不合格无分		
	15	$R_a3.2$	5	降级不得分		
安全文明生产（10%）	16	安全操作	5	违反操作规程无分		
	17	机床清理	5	不合格无分		
总　分			100			

学习活动五　工作总结与评价

学习过程

一、展示评价

把个人编写的零件加工工艺和加工程序进行组内展示,再由小组推荐代表在整个班级展示。在展示过程中,以组为单位进行评价。

二、展示评价项目

在评价中注意观察与总结并填写以下项目:

1. 展示的零件是否符合技术要求

2. 本小组介绍成果时是否介绍清楚

3. 本小组介绍检验方法时操作是否正确

4. 本小组成员的团队协作精神如何

三、工作体会

(在本任务中我学到了什么,成功做到了些什么,在小组中扮演了什么角色,有哪些收获,有哪些方面还可以继续提高)

【评价与分析】

学习活动五综合评价表

班级_____　　　　　　　　　　　　　　　　　　　姓名_____　学号_____

项　　目	自我评价		小组评价		教师评价	
	评价标准 优秀:10~9分 良好:8~6分 一般:5~1分		评价标准 优秀:10~9分 良好:8~6分 一般:5~1分		评价标准 优秀:10~9分 良好:8~6分 一般:5~1分	
	占总评10%		占总评30%		占总评60%	
学习活动一						
学习活动二						
学习活动三						
学习活动四						
学习主动性						
协作精神						
纪律情况						
表达能力						
工作态度						
活动角色						
小　计						
总　评						

项目五
综合零件加工

学习任务一　综合零件加工

【学习目标】

1. 能独立进行图样分析。
2. 掌握中等复杂零件加工工艺的制订方法。
3. 掌握复合编程指令的运用。
4. 能用仿真软件进行模拟加工和程序校验。
5. 学会对复杂零件进行检测,判断加工质量,并根据检测结果分析产生误差的原因,提出修改意见。
6. 会分析零件产生废品的原因及防止方法。
7. 学会按车间"6S"管理和产品工艺流程的要求,正确放置零件,整理现场、保养机床,进行产品交接并规范填写交接班记录。
8. 学会主动获取信息,展示工作成果,对学习与工作进行反思和总结,并能与他人开展合作,进行有效沟通。养成细致、专注的工作作风。

【建议学时】

12 学时。

学习活动一　综合零件的工艺分析

 学习过程

【自主学习】

一、制订工作计划

工作计划及生产进程表

工作步骤	工作内容	实施时间	实施人员
第 1 步	领取任务单		

续表

工作步骤	工作内容	实施时间	实施人员
第2步	查阅相关资料		
第3步	分析讨论确定加工工艺		
第4步	填写工、量、刀具清单		
第5步	核算成本		
第6步	领取加工材料		
第7步	领取工、量、刀具		
第8步	加工准备		
第9步	独立加工		
第10步	递交加工零件		
第11步	检测零件、填写检验单		
第12步	总结分析		

二、分析图样,制订综合零件加工工艺

1.任务单

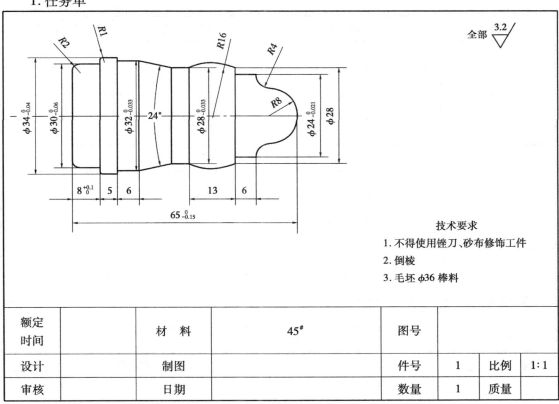

技术要求

1. 不得使用锉刀、砂布修饰工件
2. 倒棱
3. 毛坯 φ36 棒料

额定时间		材料		45#		图号			
设计		制图				件号	1	比例	1:1
审核		日期				数量	1	质量	

2. 讨论并确定零件的加工工艺过程,填写加工工艺卡

单位名称	加工工艺过程卡片	产品名称		图　号		
		零件名称		数　量		第　页
	毛坯种类		毛坯尺寸			共　页
工序号	工序内容		设　备	工艺装备	计划工时	实际工时
				夹具	量、刃具	
设计（日期）		材料牌号		校正　审核		批准

3. 数控车工加工工、量、刃、辅具借用清单

部门:＿＿＿＿＿＿＿＿＿　　　　　　　　　　　申请人:＿＿＿＿＿＿＿＿＿

类　别	序号	名　称	型号或规格	数　量	备　注
切削刀具	1				
	2				
	3				
	4				
测量工具	1				
	2				
	3				
	4				
操作工具	1				
	2				
	3				
	4				

车间主任:＿＿＿＿＿＿＿＿＿　　　　　　　　　生产主管:＿＿＿＿＿＿＿＿＿

学习活动一综合评价表

班级＿＿＿＿＿＿＿＿　　　　　　　　　　　　　姓名＿＿＿＿＿＿　学号＿＿＿＿＿＿

项　目	自我评价			小组评价			教师评价		
	10～9分	8～6分	5～1分	10～9分	8～6分	5～1分	10～9分	8～6分	5～1分
	占总评10%			占总评30%			占总评60%		
制订工作计划									
工艺分析									
展示讨论									
绘图									
表达、沟通能力									
工作页质量									
学习主动性									
协作精神									
纪律观念									
工作态度									
小　计									
总　评									

学习活动二　综合件加工的知识及编程

【知识学习】

刀尖圆弧半径补偿编程如下：

1. 刀尖圆弧半径补偿指令（G40，G41，G42）

指令格式：

G41 G01/G00　X __　Z __　F __ ；（刀尖圆弧半径左补偿）

G42 G01/G00　X __　Z __　F __；（刀尖圆弧半径右补偿）

G40 G01/G00　X __　Z __；　　（取消刀尖圆弧半径补偿）

说明：编程时，刀尖圆弧半径补偿偏置方向的判断如图 5.1 所示。沿着刀具进给方向看，当刀具位于加工轮廓左侧时，称为刀尖圆弧半径左补偿，用 G41 表示；当刀具位于加工轮廓右侧时，称为刀尖圆弧半径右补偿，用 G42 表示。

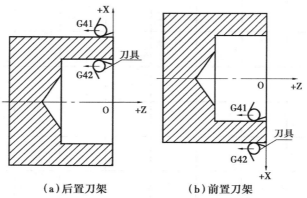

图 5.1　刀尖圆弧半径补偿偏置方向的判断

在刀具刃是尖利时，切削进程按照程序指定的形状执行不会发生问题。不过，真实的刀具刃是由圆弧构成的（刀尖半径），如图 5.2 所示，在圆弧插补和攻螺纹的情况下刀尖半径会带来误差。

2. 圆弧车刀刀具切削位置的确定

数控车床采用刀尖圆弧半径补偿进行加工时，随着刀具的刀尖形状和切削时所处的位置不同，刀具的补偿量与补偿方向也不同。根据各种刀尖形状及刀尖位置的不同，数控车刀的假想刀尖序号位置共有 9 种，如图 5.3 所示。

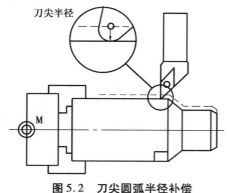

图 5.2　刀尖圆弧半径补偿

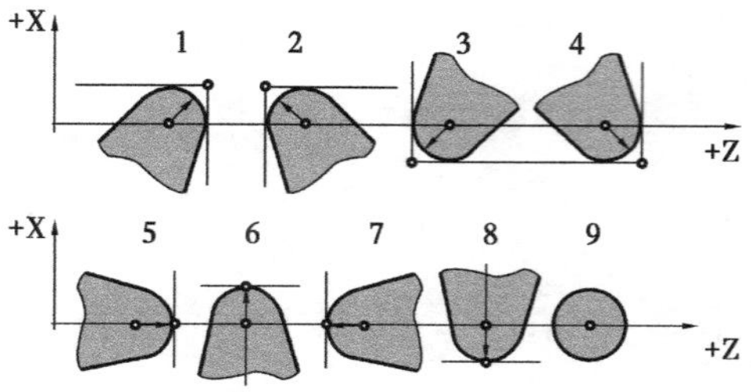

图 5.3　数控车床的刀具切削沿位置

把这个原则用于刀具补偿,应当分别以 X 和 Z 的基准点来测量刀具长度和刀尖半径 R,以及用于假想刀尖半径补偿所需的刀尖形式数 (0~9)。这些内容应事前输入刀具偏置文件。

"刀尖半径偏置"应用 G00 或者 G01 功能来下达命令或取消。不论这个命令是不是带圆弧插补,刀具不会正确移动,导致它逐渐偏离所执行的路径。因此,刀尖半径偏置的命令应当在切削进程启动之前完成;并且能够防止从工件外部起刀带来的过切现象。反之,要在切削进程之后用移动命令来执行偏置的取消。

命令	切削位置	刀具路径
G40	取消	刀具按程序路径移动
G41	右侧	刀具从程序路径左侧移动
G42	左侧	刀具从程序路径右侧移动

3. 刀尖圆弧半径补偿的过程

刀尖圆弧半径补偿的过程可分为 3 步,即刀补的建立、刀补的进行和刀补的取消。

【知识测试】

一、填空题

1. 数控车床采用圆弧车刀加工圆弧面,如不采用刀尖圆弧半径补偿,则加工外凸圆弧时,会使加工后的圆弧半径变＿＿＿＿＿＿；加工内凹圆弧时,会使加工后的圆弧半径变＿＿＿＿＿＿。

2. 刀尖圆弧半径补偿指令中,G41 表示＿＿＿＿＿＿；G41 表示＿＿＿＿＿＿；G40 表示取消刀尖圆弧半径补偿。

3. 刀尖圆弧半径补偿的过程可分为 3 步,即＿＿＿＿＿＿、＿＿＿＿＿＿和＿＿＿＿＿＿。

二、相关点数据的处理

【技能训练】

1. 绘制综合件零件图

2. 编写程序

数控车床 程序单	零件毛坯			日　期	
	零件名称		工序号	材　料	
	车床型号		夹具名称	实训车间	

学习活动二综合评价表

班级_____　　　　　　　　　　　　　　　　姓名_____　学号_____

项　目	自我评价			小组评价			教师评价		
	10~9分	8~6分	5~1分	10~9分	8~6分	5~1分	10~9分	8~6分	5~1分
	占总评10%			占总评30%			占总评60%		
独立能力									
回答问题									
编程能力									
收集信息									
学习主动性									
协作精神									
工作页质量									
纪律观念									
表达能力									
工作态度									
小　计									
总　评									

学习活动三　综合件的加工

 学习过程

【技能训练】

一、零件的加工

1. 刀具刃磨、安装及对刀

2. 程序输入及校验

3. 自动加工

二、保养机床,清理场地

按照"6S"管理要求进行,并做好交接班记录。

交接班记录表

日　期	年　月　日	时　间	
交班人		接班人	
交接设备情况			
未处理事项			
跟进处理情况			

学习活动三 综合评价表

班级_____   姓名_____ 学号_____

项　目	自我评价			小组评价			教师评价		
	10~9分	8~6分	5~1分	10~9分	8~6分	5~1分	10~9分	8~6分	5~1分
	占总评10%			占总评30%			占总评60%		
规范操作									
设备保养									
量具正确使用									
安全文明									
时间观念									
学习主动性									
工作态度									
纪律观念									
协作精神									
工作页质量									
小　计									
总　评									

学习活动四　综合件的检验与质量分析

 学习过程

【自主学习】

一、明确测量要素，选取检验用工、量具

1. 综合件的测量要素

2. 检测所需的工、量具

序　号	名　称	规　格	检验内容	备　注

二、检测零件，填写综合件质量检验单

综合件质量检验单

序　号	项　目	内　容	检测结果	结　果
1		$\phi 34_{-0.04}^{0}$		
2		$\phi 30_{-0.06}^{0}$		
3	外圆	$\phi 32_{-0.033}^{0}$		
4		$\phi 28_{-0.033}^{0}$		
5		$\phi 24_{-0.021}^{0}$		
6	锥度	24°		
7		$65_{-0.15}^{0}$		
8	长度	$8_{0}^{+0.10}$		
9		5，6，13		
10		R8/R4		
11	圆弧	R16		
12		R2/R1		
13	表面粗糙度	$R_a 3.2$		

三、提出工艺修改方案

不合格项目	产生原因	整改意见

综合零件加工评价表

项 目	序号	技术要求	配分	评分标准	检测结果	得分
机床操作 （20%）	1	正确开启机床	2	不正确、不合格无分		
	2	程序的输入及修改	4	不正确、不合格无分		
	3	程序的校验	4	不正确、不合格无分		
	4	对刀	6	不正确、不合格无分		
	5	刀具补偿的调整	4	不正确、不合格无分		
程序与工艺 （20%）	6	程序格式规范	5	每错一处扣2分		
	7	程序正确	8	每错一处扣2分		
	8	工艺合理	7	每错一处扣2分		
零件质量 （50%）	9	$\phi 34_{-0.04}^{0}$	4	超差0.01 mm 扣2分		
	10	$\phi 30_{-0.06}^{0}$	4	超差0.01 mm 扣2分		
	11	$\phi 32_{-0.033}^{0}$	4	超差0.01 mm 扣2分		
	12	$\phi 28_{-0.033}^{0}$	4	超差0.01 mm 扣2分		
	13	$\phi 24_{-0.021}^{0}$	4	超差0.01 mm 扣2分		
	14	24°	2	不合格无分		
	15	$65_{-0.15}^{0}$	2	超差0.02 mm 扣1分		
	16	$8_{0}^{+0.10}$	3	超差0.02 mm 扣1分		
	17	5,6,13	3	不合格无分		
	18	R8/R4	6	不合格无分		
	19	R16	4	不合格无分		
	20	R2/R1	2	不合格无分		
	21	$R_a3.2$	6	降级不得分		
安全文明生产 （10%）	22	安全操作	5	违反操作规程无分		
	23	机床清理	5	不合格无分		
总 分			100			

学习活动五 工作总结与评价

 学习过程

一、展示评价

把个人编写的零件加工工艺和加工程序进行组内展示,再由小组推荐代表在整个班级展示。在展示过程中,以组为单位进行评价。

二、展示评价项目

在评价中注意观察与总结并填写以下项目:

1. 展示的零件是否符合技术要求

2. 本小组介绍成果时是否介绍清楚

3. 本小组介绍检验方法时操作是否正确

4. 本小组成员的团队协作精神如何

三、工作体会

(在本任务中我学到了什么,成功做到了些什么,在小组中扮演了什么角色,有哪些收获,有哪些方面还可以继续提高)

【评价与分析】

学习活动五综合评价表

班级_____   姓名_____ 学号_____

项　目	自我评价			小组评价			教师评价		
	评价标准 优秀:10~9分 良好:8~6分 一般:5~1分			评价标准 优秀:10~9分 良好:8~6分 一般:5~1分			评价标准 优秀:10~9分 良好:8~6分 一般:5~1分		
	占总评10%			占总评30%			占总评60%		
学习活动一									
学习活动二									
学习活动三									
学习活动四									
学习主动性									
协作精神									
纪律情况									
表达能力									
工作态度									
活动角色									
小　计									
总　评									

参考文献

［1］张同兴.数控车工操作与零件加工［M］.北京:中国劳动社会保障出版社,2013.

［2］刘燕宵.数控加工操作技能［M］.北京:机械工业出版社,2009.

［3］张梦欣.高级车工技能训练［M］.北京:中国劳动社会保障出版社,2006.

［4］宋宵春,张木关.数控车床编程与操作［M］.广州:广东经济出版社,2002.